中国应对气候变化的政策与行动

2013 年度报告

China's Policies and Actions for Addressing Climate Change

2013 Annual Report

CHINA

解振华　主编

Policies
Change
Climate
CHINA

中国环境出版社 · 北京

图书在版编目（CIP）数据

中国应对气候变化的政策与行动. 2013年度报告 / 国家发展改革委编. -- 北京：中国环境出版社, 2014.1
ISBN 978-7-5111-1297-2

Ⅰ. ①中… Ⅱ. ①国… Ⅲ. ①气候变化－研究报告－中国－2013 Ⅳ. ①P467-012

中国版本图书馆CIP数据核字(2014)第006219号

出 版 人 王新程
责任编辑 丁莞歆
文字编辑 张秋辰
责任校对 唐丽虹
装帧设计 宋 瑞

出版发行 中国环境出版社
（100062 北京市东城区广渠门内大街16号）
网 址：http://www.cesp.com.cn
电子邮箱：bjgl@cesp.com.cn
联系电话：010-67112765（编辑管理部）
发行热线：010-67125803，010-67113405（传真）
印装质量热线：010-67113404
印 刷 北京中科印刷有限公司
经 销 各地新华书店
版 次 2014年1月第1版
印 次 2014年1月第1次印刷
开 本 787×960 1/16
印 张 14.5
字 数 182千字
定 价 48.00元

本书编委人员名单

主　编

解振华

副主编

苏　伟

编委（以姓氏笔画为序）

马爱民　王江昊　田成川　邢佰英　华　中

刘　强　孙　桢　孙翠华　李　高　陈志华

赵新峰　姚　薇　高　健　黄问航　蒋兆理

编写说明

为全面展示2012年以来我国各级政府应对气候变化工作进展情况及取得的成效，我们组织编写了《中国应对气候变化的政策与行动——2013年度报告》。本书包括1篇总报告和20篇分报告，总报告为《中国应对气候变化的政策与行动2013年度报告》，20篇分报告为国家应对气候变化领导小组有关成员单位2012年以来应对气候变化的政策与行动。

本书是在国家发展和改革委员会副主任解振华同志的直接指导下，由国家发展和改革委员会应对气候变化司组织编写的。在编写过程中，得到了国务院有关部门的大力支持，初稿形成后，又征求了有关部门的意见和建议。希望本书的出版，对社会各界了解我国应对气候变化各项工作及进展情况、提高全社会低碳意识起到积极作用。

Contents

分报告 ……………………………35

中国应对气候变化的政策与行动 2013 年度报告

China's Policies and Actions for Addressing Climate Change

2013 Annual Report

——总报告

中国应对气候变化的政策与行动 2013年度报告

前　言

中国是最大的发展中国家，人口众多，区域发展不平衡，仍处于工业化和城镇化进程中。2012年，中国人均国内生产总值刚刚超过6 000美元，位居世界第87位。既要发展经济、消除贫困、改善民生，又要积极应对气候变化，这是当今中国面临的一项巨大挑战。

中国气候条件复杂，生态环境脆弱，极易受气候变化的不利影响。2012年以来，中国极端天气气候事件频发，南方多地持续出现极端高温事件，城市内涝、局部洪涝、山洪、滑坡、泥石流等灾害大幅增加；台风登陆时间集中，影响范围广，风暴潮增多，灾害损失重；云南中部和西北部连续4年出现中度以上干旱，局部达到重度，农业生产和群众生活受到了极大影响。

2012年11月召开的中国共产党第十八次全国代表大会提出，面对资源约束趋紧、环境污染严重、生态退化的严峻形势，必须树立尊重自然、顺应自然、保护自然的生态文明理念，把生态文明建设放在突出地位，融入经济建设、政治建设、文化建设、社会建设各方面和全过程，纳入建设中国特色社会主义“五位一体”总体布局，并着力推进绿色发展、循环发展、低碳发展，进一步提升应对气候变化在中国经济社会发展全局中的战略地位。

2012年以来，围绕落实“十二五”应对气候变化目标任务，中国政府加快推进重大战略研究和规划制定，加强顶层设计，采取了一系列行动，应对气候变化各项工作取得了积极成效。与此同时，在气候变化国际谈判中，中国继续发挥了积极建设性作用，推动多哈会议取得了积极成果，广泛推进了国际交流与合作，为应对全球气候变化作出了重要贡献。

为使各方面全面了解 2012 年以来中国在应对气候变化方面采取的政策与行动及取得的成效，特编写本年度报告。

一、应对气候变化面临的形势

随着国际合作应对气候变化共识不断加深和中国综合国力的不断提升，中国应对气候变化工作面临新的形势。

从国际来看，国际社会对气候变化的科学认识不断深化，IPCC 第五次评估报告进一步确认了人为活动引起气候变化的科学结论，气候变化的全球影响日益凸显，正成为当前全球面临的最严峻挑战之一。各国对气候变化问题的认识正逐步提高，积极采取措施应对气候变化已成为全球各国的共同意愿和紧迫需求。国际气候变化谈判进入新阶段，2012 年底的多哈会议就《京都议定书》第二承诺期、《联合国气候变化框架公约》下长期合作行动等重要问题达成了一揽子协议，结束了“巴厘路线图”谈判进程，并推动了“德班平台”谈判进程，各国正在为 2015 年谈判达成一项新的全球协议作出积极努力。

从国内来看，应对气候变化问题受到了各级政府的高度重视，应对气候变化工作取得了积极进展，减缓和适应能力不断增强，应对气候变化的体制机制及法律、标准体系建设逐步完善，全社会低碳意识进一步提高。2012 年全国单位国内生产总值的二氧化碳排放较 2011 年下降 5.02%。到 2012 年底，中国节能环保产业产值达到 2.7 万亿元人民币。目前，中国水电装机、核电在建规模、太阳能集热面积、风电装机容量、人工造林面积均居世界第一位，为应对全球气候变化作出了积极贡献。同时，中国仍处于工业化和城镇化进程中，经济增长较快，能源消费和二氧化碳排放总量大，并且还将继续增长，控制温室气体排放需要付出长期的、艰苦的努力。

未来一段时期是中国实现全面建成小康社会的关键时期，中国将更加注重追求经济增长的质量和效益，大力推进生态文明建设，努力控制温室气体排放，为应对全球气候变化作出积极贡献。

二、完善顶层设计和体制机制

2012 年以来，中国加强了应对气候变化重大战略研究和顶层设计，进一步完善了应对气候变化的管理体制和工作机制，应对气候变化在国民经济社会发展中的战略地位显著提升。

（一）健全管理体制和工作机制

完善领导机构。2013 年 7 月，国务院对国家应对气候变化工作领导小组组成单位和人员进行了调整，李克强总理任领导小组组长，并增加了部分职能部门。目前，中国已经初步建立了国家应对气候变化领导小组统一领导、国家发展改革委归口管理、有关部门和地方分工负责、全社会广泛参与的应对气候变化管理体制和工作机制。全国各省（自治区、直辖市）均成立了以政府行政首长为组长的应对气候变化领导机构，建立了部门分工协调机制，明确了应对气候变化职能机构，部分城市也成立了应对气候变化或低碳发展办公室。

建立碳强度下降目标责任制。国家对“十二五”单位国内生产总值二氧化碳排放下降目标进行分解，确定了各省（自治区、直辖市）单位国内生产总值二氧化碳排放下降指标，并建立了目标责任评价考核制度。2013

年，国家发展改革委会同有关部门，制定了考核办法，对省级人民政府2012年度控制温室气体排放的目标完成情况、任务与措施落实情况、基础工作与能力建设情况等进行了试评价考核。

（二）加强战略研究和规划编制

开展应对气候变化重大战略研究。国家发展改革委、财政部组织开展了中国低碳发展宏观战略研究，系统分析和研究中国2020年、2030年和2050年低碳发展的总体目标、阶段任务、实现途径和保障措施，为制定中国低碳发展路线图奠定基础，目前已经取得阶段性成果。同时，国家发展改革委组织编制了国家适应气候变化战略，在评估气候变化对我国经济社会发展影响基础上，明确了国家适应气候变化的指导思想和原则，提出了适应目标、重点任务、区域格局和保障措施等。浙江、河南、辽宁等省开展了本地区应对气候变化战略研究工作。

加强应对气候变化规划编制工作。国家发展改革委组织开展了《国家应对气候变化规划（2013—2020年）》编制工作，在充分分析中国气候变化趋势及影响、应对气候变化工作现状、应对气候变化面临形势的基础上，提出了中国到2020年以前应对气候变化主要目标、重点任务及保障措施，对中国开展应对气候变化工作进行了整体部署。全国各省（自治区、直辖市）积极组织开展了省级应对气候变化中长期规划的编制，目前，江西、天津等省（直辖市）已发布了本地区应对气候变化规划，四川、云南、广西、安徽、重庆、甘肃、宁夏、新疆、青海、辽宁等省（自治区、直辖市）已经完成了规划编制工作，拟于2013年正式发布实施。

（三）推动气候变化立法

国家发展改革委、全国人大环资委、全国人大法工委、国务院法制办和有关部门联合成立了应对气候变化法律起草工作领导小组，加快推进应对气候变化法律草案起草工作，目前已初步形成立法框架。山西省和青海省分别出台了《山西省应对气候变化办法》和《青海省应对气候变化办法》，四川省和江苏省的应对气候变化立法正在稳步推进。2012 年 10 月，深圳市人大通过《深圳经济特区碳排放管理若干规定》，加强对深圳市碳排放权交易的管理。

（四）完善相关政策体系

2012 年，国务院办公厅印发了《“十二五”控制温室气体排放工作方案重点工作部门分工》，对方案的贯彻落实工作进行全面部署。中央政府发布了一系列应对气候变化相关政策性文件，包括《工业领域应对气候变化行动方案（2012—2020 年）》《“十二五”国家应对气候变化科技发展专项规划》《低碳产品认证管理暂行办法》《能源发展“十二五”规划》《“十二五”节能环保产业发展规划》《关于加快发展节能环保产业的意见》《工业节能“十二五”规划》《2013 年工业节能与绿色发展专项行动实施方案》《绿色建筑行动方案》《全国生态保护“十二五”规划》等，应对气候变化政策体系得到进一步完善。

三、减缓气候变化

2012 年以来，中国政府通过调整产业结构、优化能源结构、节能提高能效、增加碳汇等工作，完成了全国单位国内生产总值能源消耗降低及单位国内生产总值二氧化碳排放降低年度目标，控制温室气体排放工作取得了积极成效。

（一）调整产业结构

推动传统产业改造升级。国家发展改革委、环境保护部、国土资源部等部门通过加强节能评估审查、环境影响评价和建设用地预审，进一步提高行业准入门槛，严控高耗能、高排放和产能过剩行业新上项目，严控高耗能、高排放产品出口。2013 年 2 月，国家发展改革委会同有关部门对《产业结构调整指导目录（2011 年本）》有关条目进行了调整，强化通过结构优化升级实现节能减排的战略导向。2013 年 3 月，国家发展改革委印发了《全国老工业基地调整改造规划（2013—2022 年）》，提出改造提升传统优势产业，加大调整力度，增强传统优势产业的市场竞争力，充分利用新技术，优化产业结构。在“十二五”期间，国家发展改革委启动了“国家低碳技术创新及产业化示范工程”，其中，2012 年在煤炭、电力、建筑、建材 4 个行业实施了 34 个示范工程。

扶持战略性新兴产业发展。2012 年 7 月，国务院印发了《“十二五”国家战略性新兴产业发展规划》，明确了中国节能环保、新一代信息技术、生物、高端装备制造、新能源、新材料、新能源汽车 7 个战略性新兴产业重点领域。国务院有关部门陆续制定并发布了 7 个重点产业专项规划以及现代生物制造等 20 多个专项科技发展规划，制定并发布了《战略性新兴产业重点产品和服务指导目录》《战略性新兴产业分类（2012）》《关于加强战略性新兴产业知识产权工作的若干意见》等相关政策措施。北京、上海等 26 个省市相继发布战略性新兴产业发展的规划或指导意见。新兴产业创投计划支持设立创业投资基金已达 138 只，资金规模达 380 亿元，其中主要投资于节能环保和新能源领域的基金有 38 只，规模近 110 亿元。

大力发展服务业。继续贯彻落实《国务院关于加快发展服务业的若干意见》《国务院办公厅关于加快发展服务业若干政策措施的实施意见》等政策文件。2012 年 12 月，国务院印发了《服务业发展“十二五”规划》，明确“十二五”时期是推动服务业大发展的重要时期，努力实现提高服务业比重、提升服务业水平、推进服务业改革开放、提高服务业吸纳就业能力等发展目标，构建结构优化、水平先进、开放共赢、优势互补的服务业发展格局。2012 年 5 月，国家发展改革委会同有关部门制定了《关于加快培育国际合作和竞争新优势的指导意见》，提出大力发展服务贸易的目标任务，建立健全服务贸易体系，提高服务业国际化发展水平。2012 年，全国服务业比重较 2010 年提升了 1.5 个百分点。

加快淘汰落后产能。2013 年 10 月，国务院印发《关于化解产能严重过剩矛盾的指导意见》，提出了尊重规律、分业施策、多管齐下、标本兼治的总原则，并根据行业特点，分别提出了钢铁、水泥、电解铝、平板玻璃、船舶等行业分业施策意见，确定了当前化解产能过剩矛盾的 8 项主要任务。与此同时，进一步落实《关于印发淘汰落后产能工作考核实施方案的通知》，完善落后产能退出机制，鼓励各地区制定更严格的能耗和排放标准，加大淘汰落后产能力度。2012 年 6 月，工业和信息化部下达了关于 19 个工业行业淘汰落后产能目标任务，并公布了第一批淘汰落后产能的企业名单，要求各地及时将目标任务分解到市、县，落实到企业。经考核，2012 年共淘汰炼铁落后产能 1 078 万吨、炼钢 937 万吨、焦炭 2 493 万吨、水泥（熟料及磨机）25 829 万吨、平板玻璃 5 856 万重量箱、造纸 1 057 万吨、印染 32.6 亿米、铅蓄电池 2 971 万千伏安·时。

（二）优化能源结构

继续推动化石能源清洁化利用。2012 年 10 月，国家发展改革委印发了《天然气发展“十二五”规划》，提出到 2015 年中国天然气供应能力达到 1 760 亿立方米左右，其中常规天然气约 1 385 亿立方米、煤制天然气 150 亿～ 180 亿立方米、煤层气地面开发生产约 160 亿立方米，城市和县城使用天然气人口数量约占总人口的 18%。2012 年，国家发展改革委、能源局等部门联合发布《页岩气发展规划（2011—2015 年）》，财政部、能源局联合发布《关于出台页岩气开发利用补贴政策的通知》，安排专项财政资金支持页岩气开发。2013 年 9 月，国务院下发《大气污染防治行动计划》，进一步强化控制煤炭消费总量、加快清洁能源替代利用的目标和要求，大幅提升控制化石燃料消耗、发展清洁能源的工作力度。截至 2012 年底，全国 30 万千瓦及以上火电机组比例达到 75.6%，比 2011 年增加近 1.2 个百分点；在百万千瓦超超临界燃煤机组达到 54 台，数量居世界第一；中国自主研发、自主设计、自主制造、自主建设、自主运营的华能天津 IGCC 电站示范工程于 2012 年 12 月投产，标志着中国洁净煤发电技术取得了重大突破。

大力发展非化石能源。2013 年 7 月，国务院印发了《国务院关于促进光伏产业健康发展的若干意见》，明确了开拓光伏应用市场、加快产业结构调整和技术进步、规范产业发展秩序、完善并网管理和服务等政策措施。能源局先后印发了《太阳能发电发展“十二五”规划》《生物质能发展“十二五”规划》《关于促进地热能开发利用的指导意见》，明确了“十二五”时期中国太阳能、生物质能、地热能发展的指导思想、基本原则、发展目标、规划布局和建设重点，提出了保障措施和实施机制。继续加大对可再生能源的投资，2012 年完成水电投资 1 277 亿元、核电投资 778 亿元、风电投资 615 亿元。为进一步激励对可再生能源发电并网收购，2012 年 3 月，财政部、国家发展改革委、能源局联合印发了《可再生能源电价附加补助资金管理暂行办法》，对可再生能源电价进行全面的资金补助。2013 年 8 月，国家发展改革委印发了《分布式发电管理暂行办法》，提出对风能、太阳能、生物质能、海洋能、地热能等新能源分布式发电的扶持政策。截至 2012 年底，全国发电装机容量 11.47 亿千瓦，同比增长 7.9%。其中，水电 2.49 亿千瓦，同比增长 7.1%，居世界第一；核电 1 257 万千瓦，与 2011 年持平，在建规模居世界首位；并网风电容量 6 142 万千瓦，同比增长 32.9%，居世界第一；并网太阳能发电 341 万千瓦，同比增长 60.6%。全国水电、核电、风电和太阳能发电等非化石能源发电装机占全部发电装机容量的 28.5%，比 2005 年提高 4.2 个百分点，发电量占全部上网电量的 21.4%。

经过各方努力，截至 2012 年底，中国一次能源消费总量为 36.2 亿吨标准煤，其中，煤炭占一次能源消费总量的比重为 67.1%，比 2011 年下降了 1.3 个百分点；石油和天然气占一次能源消费总量的比重分别为 18.9% 和 5.5%，比 2011 年分别提高了 0.3 个和 0.5 个百分点；非化石能源占一次能源消费总量的比重为 9.1%，比 2011 年提高了 1.1 个百分点。

（三）节能和提高能效

加强节能目标责任考核。2012 年以来，国务院印发了《节能减排“十二五”规划》《节能环保产业发展规划》等，进一步明确了各地区、各领域节能目标任务，细化了政策措施，并定期发布各地区节能目标完成情况晴雨表。完善节能考核制度，调整考核内容，健全考核程序。2013 年，国家发展改革委会同有关部门，组织对省级人民政府进行节能目标责任评价考核，将考核结果作为对地方领导班子和领导干部综合考核评价的参考内容，纳入政府绩效管理。开展了“十一五”时期全国节能减排先进典型表彰活动，对 530 个节能减排先进集体、467 个节能减排先进个人进行了表彰。

实施重点节能改造工程。2012 年以来，安排中央预算内投资 48.96 亿元和中央财政奖励资金 26.1 亿元支持重点节能改造、高效节能技术和产品产业化示范、重大合同能源管理、节能监察机构能力建设、建筑节能、绿色照明等重点工程项目 2 411 个，其中，安排中央预算内投资 10.66 亿元支持节能监察机构能力建设项目 1 215 个，安排中央财政资金 1.3 亿元，支持了 17 个甩挂运输改造项目。加大对合同能源管理的支持力度，安排财政奖励资金 3.02 亿元，支持合同能源管理项目 495 个。通过实施节能项目，累计形成 1 979 万吨标准煤的节能能力。

进一步完善节能标准标识。2012 年以来，国家发展改革委、国家标准化管理委员会联合实施了“百项能效标准推进工程”，发布了包括高耗能行业单位产品能耗限额、终端用能产品能效、节能基础类标准在内的 60 多项节能标准。住房和城乡建设部批准发布了《建筑能效标识技术标准》《城镇供热系统节能技术规范》等 10 个行业标准。完善节能与新能源汽车标准体系，截至 2012 年底，工业和信息化部等部门累计发布了 60 多项新能源汽车相关标准，交通运输部累计发布了 21 批营运车辆燃料消耗量限值标准达标车型。实施了能效标识、节能产品认证，截至 2013 年 5 月底，能效标识已覆盖 28 种终端用能产品。

推广节能技术与产品。国家发展改革委发布第五批《国家重点节能技术推广目录》，公布 12 个行业的 49 项重点节能技术，五批目录累计向社会推荐了 186 项重点节能低碳技术。工业和信息化部、科技部、财政部联合发布了《关于加强工业节能减排先进适用技术遴选评估与推广工作的通知》，筛选出钢铁、化工、建材等 11 个重点行业首批 600 余项节能减排先进适用技术，发布了《节能机电设备（产品）推荐目录（第三批）》《高耗能落后机电设备（产品）淘汰目录（第二批）》，并完成了工业节能减排技术信息平台建设。印发了《2013 年工业节能与绿色发展专项行动实施方案》《关于组织实施电机能效提升计划（2013—2015 年）的通知》《关于加强内燃机工业节能减排的意见》，大力推进了重点行业电机系统节能改造及内燃机节能减排技术、新产品推广应用。财政部、国家发展改革委推进节能产品政府采购，更新发布了两批节能产品政府采购清单。继续实施节能产品惠民工程，安排中央财政资金300多亿元，推广节能家电近9 000多万台（套）、节能汽车350余万辆、高效电机1 400多万千瓦、绿色照明产品1.6亿只，累计形成年节能能力1 200多万吨标准煤。

推进建筑领域节能。国务院办公厅转发了国家发展改革委、住房和城乡建设部联合编制的绿色建筑行动方案，住房和城乡建设部发布了“十二五”建筑节能专项规划。截至2012年底，北方地区既有居住建筑供热计量及节能改造5.9亿平方米，形成年节能能力约400万吨标准煤，相当于少排放二氧化碳约1 000万吨。全国城镇新建建筑执行节能强制性标准基本达到100%，累计建成节能建筑面积69亿平方米，形成年节能能力约6 500万吨标准煤，相当于少排放二氧化碳约1.5亿吨。

推进交通领域节能。交通运输部进一步调整优化交通运输节能减排与应对气候变化重点支持领域，不断加大政策支持力度，继续组织开展“车、船、路、港”千家企业低碳交通运输专项行动；出台了《关于加强城市步行和自行车交通系统建设的指导意见》，通过城市步行和自行车交通系统示范项目，引导各地加强城市步行和自行车交通建设。科技部在全国25个试点城市组织开展“十城千辆”节能新能源汽车示范推广应用工程。据测算，2012年交通运输行业共实现节能量420万吨标准煤，相当于少排放二氧化碳917万吨。

（四）增加森林碳汇

国务院批准京津风沙源治理二期工程规划，建设范围扩大到6个省（自治区、直辖市）138个县。林业局印发了《落实德班气候大会决定加强林业应对气候变化相关工作分工方案》，启动编制“三北”防护林五期工程规划，发布实施长江、珠江防护林体系和平原绿化、太行山绿化工程三期规划。进一步推进森林经营，中央财政森林抚育补贴从试点转向覆盖全国，全国森林经营中长期规划编制工作启动，确定并推进首批 15 个全国森林经营样板基地建设，印发了《森林抚育检查验收办法》和作业设计规定。在全国 200 个县（林场）深入开展以森林采伐管理为核心的森林资源可持续经营管理试点。积极推进森林资源保护，印发了《进一步加强森林资源保护管理工作的通知》。全国林业碳汇计量监测体系建设扎实推进，2012 年在 17 个省（自治区、直辖市）开展了试点，2013 年已实现覆盖全国，初步建成全国森林碳汇计量监测基础数据库和参数模型库。2012 年至 2013 年上半年，全国完成造林面积 1 025 万公顷、义务植树 49.6 亿株，完成森林抚育经营面积 1 068 万公顷，森林碳汇能力进一步增强。

（五）控制其他领域排放

控制农业温室气体排放。2012 年，中央财政安排补贴资金 7 亿元，支持 2 463 个项目开展测土配方施肥。农业部启动实施“百县千乡万村”测土配方施肥整建制推进行动，开展农企合作推广配方肥试点。中央财政安排专项资金 0.3 亿元及保护性耕作工程投资 3 亿元，在 204 个县（市）推广保护性耕作技术，全国新增保护性耕作面积 164 万公顷。中央投入 30 亿元资金继续实施生猪、奶牛标准化规模养殖场（小区）建设项目，重点支持规模养殖场对畜禽圈舍进行标准化改造，建设贮粪池、排粪污管网等粪污处理配套设施。在农垦区域因地制宜、积极推进生物质能源综合利用、畜禽粪便综合利用、太阳能、风能综合利用等新技术，实施了生物质发电、生物质气化、沼气工程、固体成型燃料及生物质能源替代化石能源区域供热等示范项目。

加强非二氧化碳温室气体管理。国务院办公厅印发了《“十二五”全国城镇污水处理及再生利用设施建设规划》《“十二五”全国城镇生活垃圾无害化处理设施建设规划》，积极控制城市污水、垃圾处理过程中的甲烷排放。截至2012年底，全国生活垃圾无害化处理率达76%，绝大部分垃圾填埋场对填埋气体进行了收集、导排和处理。制定了《蒙特利尔议定书》下加速淘汰含氢氯氟烃（HCFCs）的管理计划，截至2012年6月，中国第一阶段（2011—2015年）含氢氯氟烃淘汰总体计划、6个消费行业计划和1个履约能力建设规划获得批准，预计完成2013年HCFCs冻结目标，预计减排2亿吨二氧化碳当量。组织研究了国内外煤炭生产、废弃物处理、化工生产、制冷、电力和电子及冶金铸造等领域的非二氧化碳类温室气体排放及控制现状，提出了中国非二氧化碳类温室气体控排技术与对策建议。

四、适应气候变化

2012年以来，中国采取积极行动加强重点领域适应气候变化和应对极端天气和气候事件的能力，减轻了气候变化对经济社会发展和生产生活的不利影响。

（一）防灾减灾

民政部制订或修订了《民政部救灾应急工作规程》《民政部关于加强自然灾害救助评估工作的指导意见》《中央救灾物资储备库管理暂行办法》等政策文件，进一步完善了减灾救灾工作体制机制；推动实施《国家综合防灾减灾规划（2011—2015年）》，启动综合减灾示范社区和避难场所建设工程项目，2012年以来新创建全国综合减灾示范社区1 273个；2012年会同财政部安排下拨中央自然灾害生活救助资金116亿元，及时有效帮助灾民开展恢复重建和保障受灾群众的基本生活。农业部建立提早会商、预测、预判的工作制度，出台农业防灾减灾稳产增产关键技术、良法补助政策，指导各地完善抗灾技术措施，加强防灾减灾经验和典型宣传。水利部推进 2 058 个县山洪灾害防治县级非工程措施和国家防汛抗旱指挥系统二期工程建设，开展洪水影响评价和洪水风险图编制，修订完善了重点江河流域的洪水、水量调度方案。林业局颁布《国家森林火灾应急预案》，强化森林防火检查，开展地方政府有害生物防控责任制，2012 年林业无公害防治率达到 87%，森林航空消防覆盖到 16 个省（自治区、直辖市）、265 万平方千米。海洋局加强海洋减灾体系构建，开展沿海大型工程海洋灾害风险排查和风险区划工作。

（二）监测预警

国家防总、减灾委相关成员单位进一步完善各类自然灾害的监测预警系统建设，加强极端天气和气候灾害的应对能力。海洋局加强沿海、近海海洋观测能力建设，优化调整海洋灾害预警发布渠道，强化对重点地区海平面变化、海水入侵、土壤盐渍化和海岸侵蚀的监测评价，建设海洋渔业生产安全环境保障服务系统，开展面向沿海重点保障目标的精细化预报试点工作。气象局发布了《中国气候变化监测公报 2011》，推进气候灾害风险普查，帮助地方出台气象灾害防御规划，加大对重点区域和流域的气候变化评估和特色产业适应气候化的技术支持，在重点城市开展精细化城市暴雨、积涝相关的预报业务。

（三）农业领域

2012 年 11 月，国务院办公厅印发了《国家农业节水纲要（2012—2020 年）》，促进水资源可持续利用，保障国家粮食安全。农业部印发了《农业部关于推进节水农业发展的意见》，下发了《关于印发〈全国土壤墒情监测工作方案〉的通知》，继续大力推动农田水利基本建设，完善农田水利设施配套，提升农业综合生产能力。进一步完善了农作物品种测试评价体系，强化抗逆性品种选育，加大农作物良种补贴力度，加快推进良种培育、繁殖、推广一体化进程，2012 年全国主要粮食品种良种覆盖率达到 96% 以上。建立了国家主导的农作物种质资源保护和利用制度，长期保存种质资源 42 万多份，居世界第二位。推广节水农业，启动旱作节水农业示范基地和农田节水技术示范项目，设立旱作节水农业示范基地 500 多个，核心示范区面积 1 000 多万亩。因地制宜开发和推广农田节水技术，推广全膜双垄集雨沟播、膜下滴灌、测墒节灌等九大节水农业技术，面积达到 4 亿多亩。

（四）水资源领域

水利部会同国家发展改革委等 10 部委组织编制的长江、辽河流域等七大流域综合规划（修编）获得国务院批复，明确了流域治理开发与保护的重要目标和任务；印发《落实〈国务院关于实行最严格水资源管理制度的意见〉实施方案》和《关于贯彻落实〈实行最严格水资源管理制度考核办法〉的意见》，建立健全最严格水资源管理制度体系。截至 2013 年上半年，全国已有 21 个省（自治区、直辖市）发布了实行最严格水资源管理制度意见或配套文件，30 个省（自治区、直辖市）建立了实行最严格水资源管理制度行政首长负责制，14 个省（自治区）将 2015 年省级水资源管理控制目标分解到市级行政区，形成以用水总量控制、用水效率控制和污染物排放总量控制“三条红线”为核心的最严格水资源管理制度，有序推进重要江河流域水量调度和主要江河流域水量分配工作，推动了 14 个水生态系统保护与修复试点建设。完成第一次全国水利普查，系统掌握了江河湖泊开发治理与保护现状。住房和城乡建设部编制印发了《全国城镇供水设施改造与建设“十二五”规划及 2020 年远景目标》及《国家节水型城市考核标准和考核办法》，促进城市节水与源头减排。

（五）海岸带和生态系统

海洋局组织开展了《国家海洋事业发展“十二五”规划》《全国海洋经济发展“十二五”规划》《全国海岛保护规划》等专项规划的编制工作并经国务院批准发布，编制了海洋岛屿管理保护的指导意见和管理办法，积极构建典型海洋生态系统对气候变化响应监测评价的指标体系，中央财政安排近 8.5 亿元支持沿海地方海域、海岸带整治修复和海岛生态修复、淡水资源保护等工作。环境保护部组织实施《中国生物多样性保护战略与行动计划（2011—2030 年）》，开展生物资源基础调查，积极推进自然保护区建设。林业局贯彻落实了《国务院办公厅关于做好自然保护区管理有关工作的通知》，进一步加强国家重要生态区域和生物多样性关键地区保护；完成了第二次全国湿地资源调查并出台《湿地保护管理规定》，提出了湿地生态系统健康价值和功能评价指标体系。水利部制定针对水土流失的多项条例、导则、指导意见和管理办法，组织编制或实施了相关规划、方案和细则等。2012 年至 2013 年上半年共审批水土保持方案 374 个，建设单位投入水土保持资金 352.1 亿元；新增林业国家级自然保护区 38 处，自然保护区总数达 2 149 处。2012 年恢复湿地 30 万亩，新增湿地保护面积 135 万亩和 85 处国家湿地公园试点，确认了 11 处国家重要湿地。

（六）人群健康

卫生和计划生育委员会等部门推动落实《国家环境与健康行动计划（2007—2015 年）》和《全国农村饮水安全工程“十二五”规划》，继续推进饮用水卫生监测工作，保障城乡饮用水卫生安全；印发了《全国城市饮用水卫生安全保障规划（2011—2020 年）》，继续推进饮用水卫生监测工作；将饮用水卫生作为对居民健康有重要影响的公共卫生服务项目列入“十二五”期间深化医药卫生体制改革规划，建立国家饮用水卫生监测网络并实施国家基本公共卫生服务卫生监督协管服务项目，2012 年全国饮用水卫生监测网在地级市和县的覆盖率分别达到 85.3% 和 46.8%，饮用水卫生监督协管比例达到 80%。在北京、天津、河北等雾霾重点多发省（直辖市）组织开展雾霾天气对人群健康影响监测和公共场所室内 $PM_{2.5}$ 监测试点工作。继续完善传染病网络直报系统，加强传染病监测、报告及控制，设置 3 486 个国家级监测点，重点做好霍乱、流感、手足口病等与气候变化密切相关的疾病防控工作，并定期对重点省份开展督导检查，加大应对气候变化卫生应急保障工作。

五、开展低碳发展试点示范

2012 年以来，通过继续推进低碳省区和低碳城市试点，稳步推进碳排放交易试点，研究开展低碳产品、低碳社区等试点示范，为进一步推动应对气候变化和低碳发展积累了丰富经验，奠定了坚实基础。

（一）继续推进低碳省区和低碳城市试点

第一批“五省八市”低碳试点取得积极进展，各试点省区和城市研究制定加快推进低碳发展的政策措施，创新体制机制，围绕优化能源结构，推动产业、交通、建筑领域低碳发展，引导低碳生活方式，增加林业碳汇，开展了一系列重大行动，实施了一批重点工程，取得了明显成效。2012 年，国家又确定在北京市、上海市、海南省和石家庄市等 29 个省市开展第二批低碳省区和低碳城市试点工作，各试点地区积极明确工作方向和原则要求，编制低碳发展规划，探索适合本地区的低碳绿色发展模式，构建以低碳、绿色、环保、循环为特征的低碳产业体系，建立温室气体排放数据统计和管理体系，确立控制温室气体排放目标责任制，积极倡导低碳绿色生活方式和消费模式，部分试点地区还提出了温室气体排放总量控制目标和排放峰值年目标。

（二）稳步推进碳排放权交易试点

2012 年以来，北京市、天津市、上海市、重庆市、深圳市、广东省和湖北省 7 个省市的碳排放交易试点工作取得了积极进展。2012 年 10 月，深圳市发布实施了相关管理规定；2013 年 7 月至 8 月，上海市、广东省和湖北省就碳交易管理办法向社会公开征求意见。各试点地区结合本地实情，综合考虑节能减排目标、经济增长趋势、企业及行业排放水平等因素，确定了碳交易覆盖企业范围，并研究确定了交易范围和配额分配。各试点地区针对交易所覆盖行业，研究建立碳排放核算方法和标准，开展企业碳排放历史数据核查，其中上海市于 2012 年 10 月发布了钢铁、电力等行业的碳排放核算方法指南，深圳市于 2012 年 11 月和 2013 年 4 月以地方标准形式发布了温室气体量化报告及核查规范指南和建筑行业细则。深圳市碳交易平台于 2013 年 6 月上线以来，累计完成交易量超过 11 万吨，成交金额超过 700 万元。

（三）开展相关领域低碳试点工作

开展低碳产品认证试点。2013 年 2 月，国家发展改革委、国家认监委联合印发了《低碳产品认证管理暂行办法》，第一批认证目录包括通用硅酸盐水泥、平板玻璃、铝合金建筑型材、中小型三相异步电动机 4 种产品，并在广东、重庆等省（直辖市）开展低碳产品认证试点工作，探索鼓励企业生产、社会消费低碳产品的良好制度环境。

研究开展低碳社区和低碳园区试点。国家发展改革委会同有关部门组织开展低碳社区试点的研究工作，探索社区低碳化运营管理新模式，减少居民生活领域的能源消耗和碳排放。工业和信息化部、国家发展改革委组织研究开展低碳工业试验园区试点工作，研究制定了相应的评价指标体系和配套政策。

开展低碳交通试点。国家在天津、重庆、北京、昆明等26个城市开展低碳交通运输体系建设试点，启动26个甩挂运输试点项目、40个甩挂运输场站建设，推进以天然气为燃料的内河运输船舶试点，开展原油码头油气回收试点。组织开展低碳交通城市、低碳港口、低碳港口航道建设、低碳公路建设等评价指标体系研究。

推进碳捕集、利用和封存（CCUS）试验示范。国家发展改革委印发了《关于推动碳捕集、利用和封存试验示范的通知》，明确了近期推动CCUS的试验示范工作；成立了由国内40多家相关企业、高校、科研院所参加的CCUS产业技术创新联盟。积极开展CCUS工程应用，中国石油化工集团公司建成了国内首个燃煤电厂烟气CCUS全流程示范工程；截至2012年，神华集团CCUS示范累计灌注二氧化碳超过5.7万吨；截至2013年6月，位于内蒙古鄂尔多斯市伊金霍洛旗的中国首个二氧化碳地质储存示范工程已灌注二氧化碳近12万吨。

地方积极推进试点示范。各省（自治区、直辖市）积极开展符合本地区实际和特点的低碳发展实践，形成了不少好的经验和做法。四川省确定成都、广元、宜宾、遂宁、雅安等市为省级低碳试点城市，积极探索具有本地特色的低碳发展模式。安徽省积极探索低碳社区、低碳园区等试点示范建设，安排专项资金，用于支持省内9个园区、社区等综合性低碳示范基地建设。山东省设立了建筑节能与绿色建筑发展资金、新能源产业资金、新能源汽车补贴等一系列低碳发展类专项资金，着力支持建筑节能、工业降耗、新能源产业发展等重点行业和领域的低碳试点示范建设。

六、加强基础能力建设

2012年以来，中国不断加强温室气体统计核算体系建设，加强基础研究和教育培训，强化科技研究和决策支撑，加强资金保障，应对气候变化基础能力得到了显著提升。

（一）加强温室气体统计核算体系建设

加强基础统计体系建设。2013年，国家发展改革委会同国家统计局制定并印发了《关于加强应对气候变化统计工作的意见》，明确提出应建立应对气候变化统计指标体系，完善温室气体排放基础统计工作。国管局印发了《公共机构能源资源消费统计制度》，进一步规范公共机构能源资源消费统计工作，组织完成了2011年和2012年全国公共机构能源资源消耗情况汇总分析，纳入直接统计范围的公共机构扩大到69万家。林业局以各省历次森林资源清查结果为基础，结合各类林业统计数据，完成了各省森林面积和蓄积量变化的测算。

提高温室气体排放核算能力。2012年，国家发展改革委组织完成了《第二次国家信息通报》的编制工作（其中国家温室气体清单报告年份为2005年），并已提交联合国气候变化框架公约秘书处。第三次国家信息通报的项目申报工作目前正在进行，拟在这个项目下编制2010年和2012年国家温室气体清单。全国31个省（自治区、直辖市）开展了温室气体清单编制，初步摸清了本地区的温室气体排放状况，并进行了年度碳强度下降核算工作。目前正在组织开展对2005年和2010年省级温室气体清单的验收评估工作。

组织编制了化工、水泥、钢铁、有色、电力、航空、陶瓷等行业生产企业的温室气体排放核算方法与报告指南；开展碳排放权交易试点的省市已经或正在开展企业碳排放核算工作，并正在建立第三方碳排放核查体系。

（二）加强政策研究和教育培训

加强政策研究。2012 年以来，在中国清洁发展机制基金等多种资金渠道的支持下，国家发展改革委开展了一系列应对气候变化的政策研究，截至 2012 年底，累计安排 4.95 亿元基金赠款，支持百余个赠款项目，开展应对气候变化领域国内国际相关问题的研究。

强化教育培训。国家发展改革委先后举办了 5 期低碳发展及省级温室气体清单编制培训研讨会，来自 24 个省市区应对气候变化主管部门领导及技术支撑机构专业人员参加了培训，举办了 5 期中德应对气候变化能力建设。国管局先后举办了多期全国公共机构节能管理干部和高校节能干部培训班。林业局编写出版了中学生校本课程教材《林业碳汇与气候变化》并进入课堂，制作播出了《森林之歌》《大地寻梦》《森林中国》等系列电视片，强化林业碳汇计量监测技术培训。

（三）加强科技研究和决策支撑

加强科技研究。科技部组织编制第三次《气候变化国家评估报告》，系统总结了中国气候变化科研成果；研究制定了《国家节能减排与低碳技术成果转化与推广应用清单》，促进低碳技术推广应用。2012 年 4 月，科技部印发的《洁净煤技术科技发展“十二五”专项规划》，将发展洁净煤技术列为先进能源领域的重要技术方向，重点支持高效洁净燃煤发电技术、先进煤转化技术、先进节能技术、污染物控制和资源化利用技术等。国管局组织完成了公共机构新能源和可再生能源应用、中央国家机关建筑节能共性问题、公共机构节能管理信息系统建设等课题研究。国土资源部深化在地热勘查开发、气候变化地质记录、地质碳汇等方面的调查研究，加快推进了二氧化碳地质储存的技术攻关。国家质检总局开展了应对气候变化领域有关标准的前期研究工作。林业局完成了森林缓解气候变化影响的实证研究，开展了典型生态系统固碳潜力和固碳过程研究。气象局首次完成了华东、华南、华北、东北、华中、西南、西北和新疆8个区域气候变化评估工作。水利部组织开展了“气候变化对我国水安全影响及适应对策研究”等10余项重大课题研究。卫生和计划生育委员会组织开展气候变化对人类健康的影响及适应机制、气候变化人群健康风险评估预测等方面研究工作。海洋局组织开展了“中国近海海—气二氧化碳通量遥感监测评估系统研究示范”等重大项目。

强化决策支撑。2012年，国家发展改革委设立了“国家应对气候变化战略研究和国际合作中心”，为应对气候变化工作提供决策咨询和支撑服务。国家气候变化专家委员会积极开展应对气候变化决策咨询。国家质检总局批准建立了23家国家城市能源计量中心，搭建能源计量数据公共平台、能源计量检测技术服务平台、能源计量技术研究平台、能源计量检测人才培养平台，为服务低碳经济发展提供全方位的计量技术支撑。各类省级层面的应对气候变化、低碳发展专业研究机构相继成立，如天津市成立了低碳发展研究中心，浙江省成立了应对气候变化和低碳发展合作中心，北京市在市属高校建立了北京应对气候变化研究和人才培养基地，增强了应对气候变化科技支撑能力和决策支持能力。

七、全社会广泛参与

2012年以来，各地开展了一系列公众宣传教育活动，充分发挥各类媒体的传播功能，提高了公众应对气候变化的能力和低碳意识。

（一）政府加强引导

政府机构率先示范，践行低碳生活理念。2012年12月，习近平总书记主持召开中共中央政治局会议，审议通过了中央政治局关于改进工作作风、密切联系群众的八项规定，厉行勤俭节约，在全社会产生了广泛影响。2012年9月，国务院决定自2013年起设立“全国低碳日”。2013年6月17日，国家发展改革委和有关部门围绕首个“全国低碳日”联合举办了一系列活动，包括“美丽中国梦、低碳中国行”应对气候变化主题展览、制作并播放低碳公益短片、启动“低碳中国行”等活动，联合国秘书长潘基文参观气候变化主题展览并给予高度评价。住房和城乡建设部组织开展“中国城市无车日活动”，截至2012年承诺的城市已达152个。气象局组织完成多语种《应对气候变化——中国在行动2012》电视宣传片及画册。在“全国低碳日”期间，北京、上海、重庆、广州、杭州等地举办多种形式的主题宣传活动，提高公众低碳意识。2013年7月，生态文明贵阳国际论坛围绕“建设生态文明：绿色变革与转型——绿色产业、绿色城镇、绿色消费引领可持续发展”开展研讨，形成了广泛共识。

（二）媒体广泛传播

2012年，中国媒体围绕应对气候变化、节能环保、低碳发展等主题进行了大量的报道和宣传活动。新华社、《人民日报》、中央电视台、中国国际广播电台、《中国日报》、中国新闻社等新闻媒体，在2012年卡塔尔多哈气候变化大会期间，派出驻会记者进行了大量深入及时的报道，新华网、中国网、中国新闻网等多家新闻网站开辟专栏进行了文字、图片、声音、视频等全方位报道，在营造良好舆论氛围、普及气候变化知识方面，作出了积极贡献；中央电视台等媒体制作完成了《面对气候变化》《变暖的地球》《关注气候变化》《环球同此凉热》等纪录片，在 2013 年“全国低碳日”期间制作播出了全国低碳日公益广告；中华环保联合会与北京人民广播电台合作录制了主题为“倡导低碳生活，宣传节能减排”的广播节目。中国媒体还通过多种多样的方式来倡导绿色环保、低碳消费的理念，中国经济导报社等媒体举办了“2012 中国应对气候变化和低碳发展十大新闻”评选活动；《北京日报》等单位主办了“绿色北京 • 低碳出行”大型环保倡议活动等；中国新闻社举办了以“为了梦想的家园”为主题的“低碳发展 • 绿色生活”公益影像展暨“中国低碳榜样”发布会。

（三）组织机构积极行动

环境保护部宣传教育中心、国家应对气候变化战略研究和国际合作中心、中国国际民间组织合作促进会绿色出行基金等机构在全国 11 个城市开展了“酷中国——全民低碳行动计划”。在“全国低碳日”期间，中石油、万科、绿色出行基金等众多企业、民间组织成立了“中国低碳联盟”，共同发表《中国低碳联盟宣言》。中国绿色碳汇基金会在全国数十个城市和国家部委开展了“足不出户、购买碳汇，低碳造林、履行义务植树”活动。中国低碳产业协会和联合国工业发展组织共同主办了 2013 中国国际低碳产业博览会，中国轻工业联合会等机构共同组织了“低碳行动，骑行中国”2013 美丽西部自行车幸福行活动。中国国土经济学会在中国科学技术协会支持下开展了“全国绿色国土行”公益活动，中国关心下一代工作委员会等部门在北京、天津、石家庄等 10 个城市开展“中华家庭低碳环保行”

公益活动。北京、上海、大连、香港、澳门等 80 多个城市及特区的社区、企业、学校参与了世界自然基金会倡导的“地球一小时”公益活动。

（四）公众踊跃参与

通过气候变化教育培训应对气候变化、节能减排、低碳生活等丰富活动，公众对气候变化的认知更深入，行动更自觉，参与领域更广泛。更多公众开始选择低碳出行、低碳饮食、低碳居住、厉行节约的低碳生活及消费模式，积极应对气候变化正成为社会公众的自觉行动。2013 年 1 月，在网络微博发起的“光盘行动”得到社会公众的广泛关注。“千名青年环境友好使者应对气候变化创新行动”在 2013 年积极开展行动，提升青年使者的环境领导力。全国各城市普遍开展了节能减排进家庭、进社区、进企业、进机关、进学校等专项活动，南京、深圳、济南等 15 个城市举办了“低碳•健康家生活”宣教活动，通过免费发放 30 万宣教手册等形式，在普通家庭中倡导节能减排的科学观念，提倡绿色低碳的行为方式。

八、建设性参加国际谈判

2012 年以来，中国以高度负责任的态度，继续在气候变化国际谈判中发挥积极建设性作用，推动各方就气候变化问题深化相互理解、广泛凝聚共识，积极推动建立公平合理的国际气候制度。

（一）积极参加联合国进程下的国际谈判

中国坚持以《联合国气候变化框架公约》和《京都议定书》为基本框架的国际气候制度，坚持公约框架下的多边谈判是应对气候变化的主渠道，坚持“共同但有区别的责任”原则、公平原则和各自能力原则，坚持公开透明、广泛参与、缔约方驱动和协商一致的原则。中国一贯积极建设性参与谈判，在公平合理、务实有效和合作共赢的基础上推动谈判取得进展，不断加强公约的全面、有效和持续实施。

2012 年，中国继续积极参与联合国进程下的气候变化国际谈判，与各国加强沟通，增进理解，扩大共识，为多哈会议取得成功作出了积极努力。中国全面参与了多哈会议的谈判和磋商，坚持维护谈判进程的公开透明、广泛参与和协商一致，以积极、理性、务实的态度推动各方形成共识。在中国等广大发展中国家努力下，多哈会议取得了一揽子平衡成果，既全面落实了“巴厘路线图”的谈判任务，基本确定 2020 年前应对气候变化国际合作行动相关安排，又对德班平台的谈判进行了规划设计，明确了 2020 年后进一步强化行动所应遵循的原则，维护了联合国多边谈判进程的有效性，提振了国际社会合作应对气候变化的信心。为配合多哈会议谈判，中国代表团在多哈会议期间举办了为期 8 天、包含 18 场主题活动的“中国角”系列边会，利用各种渠道和方式与各方展开坦诚、深入的对话与交流，受到了各方高度关注和充分肯定。

（二）广泛参与相关国际对话与交流

加强高层对话和交流推动谈判进程。中国国家主席习近平在出席金砖国家领导人会议、“二十国集团”领导人峰会、亚太经合组织领导人峰会等重大多边外交活动中，多次发表重要讲话，与各国元首共同积极推动应对气候变化。中美两国元首均高度重视气候变化问题，在 2013 年两次会晤中就加强气候变化对话与合作以及对氢氟碳化物（HFCs）问题形成重要共识。2013 年 7 月，第五轮中美战略与经济对话期间举行了两国元首特别代表共同主持的气候变化特别会议，深化了两国国内气候变化政策和双边务实合作的交流。2012 年 6 月，时任总理温家宝在出席 2012 年联合国可持续发展大会期间，呼吁各方按照“共同但有区别的责任”原则应对气候变化，发展绿色经济，推动可持续发展。

积极参加公约外气候变化会议和进程。中国参加了“里约 +20”联合国可持续发展大会、经济大国能源与气候论坛领导人代表会议、彼得斯堡气候变化部长级对话会、华沙会议部长级预备会等一系列气候变化相关的对话和磋商。积极参与国际民航组织、国际海事组织、关于消耗臭氧层物质的《蒙特利尔议定书》、万国邮政联盟等国际机制下的谈判。中国还积极参与“全球清洁炉灶联盟”“全球甲烷倡议”“全球农业温室气体研究联盟”等活动，多方推动公约主渠道谈判取得进展。

广泛开展双边多边气候变化对话与磋商。继续加强“基础四国”“立场相近发展中国家”等磋商机制，与发展中国家开展联合研究，积极维护发展中国家利益。通过中美、中欧、中澳等气候变化部长级磋商开展与发达国家的双边磋商，就气候变化国际谈判、国内应对气候变化政策和相关务实合作深入交换意见。积极推动中国与其他国家智库之间开展交流。

（三）中国参加联合国气候变化华沙会议基本立场主张

2013 年 11 月，《联合国气候变化框架公约》（以下简称《公约》）第十九次缔约方会议和《京都议定书》第九次缔约方会议将在波兰首都华沙举行。2012 年底的多哈会议结束了“巴厘路线图”授权的谈判，2013 年的华沙会议应成为一次落实和启动的会议。华沙会议的首要任务是采取切实行动落实减缓、适应、资金、技术、审评、透明度等“巴厘路线图”谈判成果，推动各方尽快批准《京都议定书》第二承诺期修正案，并在公约相关机制下继续讨论相关未决问题，落实在历次会议上达成的协议和作出的承诺。发达国家应兑现在历次会议上做出的减排及出资和转让技术的承诺，并进一步提高 2020 年前行动力度。这是维护各方互信的基础，也是德班平台谈判取得进展的前提和保证。同时，各方应在华沙会议上紧扣公约原则和德班平台授权，通过正式、平衡、有针对性的方式，围绕减缓、适应、资金、技术等公约体制“支柱”开启德班平台实质性谈判，稳步推进德班平台谈判取得进展，进一步加强《公约》在 2020 年后的全面、有效和持续实施。

华沙会议应聚焦两个问题：一是参加议定书第二承诺期的发达国家应尽快批准关于第二承诺期的修正案，并按照多哈会议的决定于 2014 年提高减排指标力度。不参加议定书第二承诺期、退出或未批准议定书的发达国家也应按照可比性的要求，与参加议定书第二承诺期的发达国家同步、同等提高 2020 年前减排力度。发展中国家将在发达国家落实资金、技术、能力建设支持的前提下，落实已提出的减缓行动目标。二是资金问题，资金问题应成为华沙会议的重中之重，得到妥善解决。发达国家应确保 2013—2015 年出资规模不少于快速启动资金，提出实现 2020 年出资 1 000 亿美元目标的清晰路线图，并尽快向绿色气候基金注资，确保发展中国家得到切实的资金支持。

中国将在华沙会议过程中继续发挥积极建设性作用，与各国一道支持东道国波兰遵循公开透明、广泛参与、协商一致和缔约方驱动的原则，推动华沙会议取得成功。

九、加强国际交流与合作

2012 年以来，中国继续本着“互利共赢、务实有效”的原则积极参加和推动应对气候变化南南合作以及与发达国家、各国际组织的务实合作，积极促进全球合作应对气候变化。

（一）深化与发展中国家合作

国家发展改革委积极推动应对气候变化南南合作，根据时任总理温家宝在“里约+20”会议上宣布的安排2亿元开展为期3年的应对气候变化“南南合作”的要求，与41个发展中国家建立了联系渠道，与格林纳达、埃塞俄比亚、马达加斯加、尼日利亚、贝宁、多米尼克等12个发展中国家有关部门签订了《关于应对气候变化物资赠送的谅解备忘录》，累计赠送节能灯90多万盏和节能空调1万多台。举办了应对气候变化南南合作政策与行动研讨会、应对气候变化与绿色低碳发展研修班。科技部、外交部等部门联合举办“中国—东盟应对气候变化：促进可再生能源与新能源开发利用国际科技合作论坛”，促进中国与东盟国家可再生能源与新能源相关技术开发和产品应用的交流与合作。国家发展改革委会同海洋局组织实施了气候变化框架下的海洋灾害监测与预警南南合作研究项目，编制了《发展中国家海洋灾害监测预警能力建设指南》（英文版），并在厦门举办了“发展中国家海洋灾害监测与预警技术研修班”，为柬埔寨、印度尼西亚等9个发展中国家的16名学员进行了技术培训。林业局组织了气候变化框架下毁林与土地退化监测和评估南南合作研讨培训。气象局面向发展中国家人员开展气候变化与极端天气气候事件的关系、多灾种早期预警和气候服务系统技术培训。

（二）加强与发达国家合作

国家发展改革委继续执行“中德气候变化项目”“中意气候变化合作计划”“中挪气候变化适应战略应用研究项目”等已有的双边合作项目；组织召开了中欧、中德、中丹等气候变化双边磋商会议，推动了有关框架协议签署和合作项目开展；与瑞士、丹麦等国家有关部门和美国加利福尼亚州签署了气候变化领域合作谅解备忘录。在“中澳清洁煤联合工作组”的支持下，开展国内产学研碳捕集、封存利用技术方面的培训和重大问题预研究；与美国开展新型结合增强地热系统的大规模二氧化碳利用与封存技术研究合作项目；与美国能源部在电力系统、清洁燃料、石油与天然气、能源与环境技术、气候科学等多个重点领域方向达成共识，开展了一系列富有成效的合作项目。环境保护部与美国、日本、意大利、挪威、澳大利亚在减缓、适应、基础能力建设和公众意识提高等方面开展了一批务实的双边多边合作项目，具体包括页岩气开发中环境标准及其实施细则研究项目、中挪生物多样性与气候变化项目，中澳二氧化碳地质封存环境影响与风险研究等。林业局加强中美、中英、中芬、中瑞在林业应对气候变化相关领域技术交流。海洋局与意大利合作开展了“沿海地区生态系统能力建设项目”。

（三）推动与国际组织合作

国家发展改革委继续开展与联合国开发计划署、联合国环境规划署等机构和世界银行、亚洲开发银行、全球环境基金等多边金融机构的交流与合作，与世界银行签署了《关于应对气候变化领域合作的谅解备忘录》，正式启动全球环境基金的“增强对脆弱发展中国家气候适应力的能力、知识和技术支持”项目及“中国应对气候变化技术需求评估”项目，启动亚洲开发银行支持的“碳捕集和封存路线图”技援项目；在2012年5月第四轮中美战略经济对话期间加入“全球清洁炉灶联盟”，与联合国基金会、全球清洁炉灶联盟秘书处签订谅解备忘录；与全球碳捕集和封存研究院等相关组织举办碳捕集、利用与封存技术现场研讨会。环境保护部积极推动生物多样性适应气候变化国际合作，组织参加了生物多样性和生态系统服务政府间科学—政策平台（IPBES）第一次全体会议。卫生和计划生育委员会与世界卫生组织等国际组织开展合作，进行气候变化与健康影响相关研究试点工作。林业局加强与世界自然资金会、大自然保护协会、德国国际合作机构（GIZ）在林业应对气候变化相关领域技术交流。民政部参加了第四届全球减灾平台大会，继续加强与联合国和相关国际组织机构在减灾救灾领域的合作。国家标准化管理委员会积极参与温室气体减排领域国际标准化工作，承办国际标准化组织二氧化碳捕集、运输和地质封存技术委员会第三届全会。气象局组织参加“政府间气候变化专门委员会（IPCC）第35次全会”等10余次国际会议，开展IPCC第五次评估报告评审工作。

中国应对气候变化的政策与行动

2013 年度报告

China's Policies and Actions for Addressing Climate Change

2013 Annual Report

——分报告

2012 年以来中国科技领域应对气候变化的政策与行动

2012 年以来，科技部协调组织全国应对气候变化科技工作，加强应对气候变化科技政策指导，强化重要领域的研发部署，推动应对气候变化国际科技合作，取得了显著成果。总结如下：

一、应对气候变化的科技政策与战略

（一）加强顶层设计和统筹部署，发布《“十二五”国家应对气候变化科技发展专项规划》等文件

为指导应对气候变化科技发展，科技部联合 15 个部门共同发布《“十二五”国家应对气候变化科技发展专项规划》，确定了未来五年应对气候变化科技的重点任务和重点研发方向以及组织实施保障机制。该规划是我国第一个应对气候变化科技发展指导规划。同时，制定并发布了《全球变化研究国家重大科学研究计划“十二五”专项规划》，重点指导基础研究领域应对气候变化科研工作，专项规划提出了“十二五”发展的形势与需求、总体思路、发展目标、主要任务和保障措施。

（二）组织编制第三次气候变化国家评估报告，为国家应对气候化工作提供支撑

与中国气象局、中科院、中国工程院牵头，会同国家发展改革委等 15

个部门，共同组织应对气候变化领域的权威专家编制第三次《气候变化国家评估报告》，报告定位于系统总结我国气候变化科研成果，为我国制定应对气候变化国家政策、采取应对气候变化措施提供更好的支撑，相关编写工作已经于2012年9月启动，2013年6月已完成初稿。

（三）编制《节能减排与低碳技术成果转化与推广目录》，探索促进低碳技术推广应用的政策工具

2012年初，组织专家和行业协会编制《国家低碳技术成果转化与推广应用目录》，拟于2013年发布。争取国家相关金融机构与有关部门的相关政策实施该目录，引导我国重点排放行业进行低碳技术升级改造。

（四）推动碳捕集、利用与封存技术研发，编制《国家“十二五”碳捕集、利用与封存科技发展专项规划》

世界主要排放国家若实现减排并控制温升的目标，必须发展碳捕集、利用与封存技术，我国更是如此。为配合《“十二五”控制温室气体排放工作方案》有效实施，统筹协调、全面推进我国二氧化碳捕集、利用与封存技术的研发与示范，组织编制《国家“十二五”碳捕集、利用与封存科技发展专项规划》，目前规划已发布。

（五）加强国家应对气候变化宏观战略研究

在应对气候变化国家战略研究方面继续实施“应对气候变化科技专项”“气候变化国际谈判与国内减排关键支撑技术研究与应用”项目。“应对气候变化科技专项”由科技部和国家发展改革委等部门组织实施，专项共设49个课题，已陆续完成验收。“气候变化国际谈判与国内减排关键支撑技术研究与应用”项目针对气候变化国际谈判和国内减排的关键支撑技

术，深入研究并解决我国气候变化国际谈判和低碳发展的主要关键问题。

二、适应气候变化科技

（一）气候预估、预报技术方面

针对我国地球系统模式研究的迫切需要，依托国产高性能计算机，研制基于“模式模块库、模板库、工具库和插件式平台”（三库一平台）架构的一体化地球系统模式集成开发环境，支持全球变化研究，填补我国在地球系统模式软件支撑平台方面的空白。项目成果已在北京师范大学、国家气候中心、中科院大气所等单位推广应用。

研究地球系统模式的高效并行算法，研制地球系统模式并行应用框架，建立我国自己的第一个模块化并行耦合器，支撑物理气候系统模式的开发。发展了气候系统模式的新版本FGOALS-g2.0，参加了政府间气候变化委员会（IPCC）第五次评估报告（AR5）的耦合模式比较计划（CMIP5）。成功发展了水平分辨率为10公里的高分辨率全球海洋环流模式和25公里的高分辨率全球大气环流模式，具备描述海洋中尺度涡旋和大气温带气旋等的能力，使得我国自主研发模式的能力进入国际先进行列。

研发适合于高分辨率、长时效的GRAPES全球中期数值预报模式系统，并在业务中得到应用。形成一套质量基本可靠的全国地面、高空及辐射基础数据集；开展卫星产品反演算法适应性研究；优化现有的新一代天气雷达资料质量控制方法，研究新的质量控制方法，针对地物遮挡、高原和自动站稀疏地区的降水估测方法问题，提出解决办法。研制了GRAPES-Meso中尺度模式系统的升级版本，降水预报准确率提高了5%～10%，在减灾防灾和奥运、世博等重大气象服务中发挥了重要作用；广州热带所、上海台风所还进一步发展了GRAPES-TMM热带气象模式、GRAPES-TCM

热带气旋模式，台风路径预报误差降低 10% ～ 15%，这些系统在南方暴雨、台风等灾害天气预报中起到了关键的作用。

揭示和把握我国以温度和降水为核心的冬季持续性低温雨雪、夏季持续性强降水和高温热浪等持续性异常气象事件发生规律及其次季节变化特征；提取中高纬大气持续性异常与低纬大气次季节变化对这些持续性异常气象事件形成的影响信号；利用影响我国持续性异常气象事件的前兆信号，发展我国持续性异常气象事件的动力统计预测方法和数值预报关键技术；在我国气象业务平台上初步建立重点为 10 ～ 30 天延伸期时效的持续性异常气象事件预报预测示范业务。

（二）适应气候变化监测与遥感技术方面

建成极区遥感信息应用系统，并业务化试运行，为改进全球气候变化模式提供重要的输入参数和输出参照。建立我国自主知识产权的冰雷达测厚和极端环境地面综合观测系统，拓展我国对极地地区的大范围连续监测能力。

针对我国全球变化研究和地球系统模式的迫切需要，设计和研制出填补我国空白、具有国际先进水平的新一代全球地表覆盖数据系列产品，为全球变化和地球系统模式研究等提供可靠的基础数据支撑。建立了全球陆表遥感数据与陆表特征参量产品数据库，无缝记录近 25 年来全球的地表环境变迁信息。多源对地观测原始数据库总数据量达到 600TB（600×10^{12} 毕特），为我国科学家进行全球变化研究提供宝贵的数据基础。实现对中国乃至全球陆表过程的多源遥感实时动态监测。

（三）部门和领域适应气候变化技术研发方面

以天山山区为试验区，评估天山云水资源开发利用潜力与气候变化的影响，研发多种弹型增雨雪火箭山区发射装置。针对人工影响天气中云体相态粒子探测和实时催化作业的需求，研究一种人工影响天气探测作业一体化无人机系统；建立集近距感测、辅助决策、指挥控制、催化作业功能于一体的无人机探测作业一体化综合系统。

以沿海典型地区、典型流域和典型城市为研究对象，综合评估海平面上升对沿海典型地区水资源安全、防洪安全和典型生态的影响，研究提出保障沿海地区防洪安全、水资源安全和生态安全的适应技术体系。科学认识沿海典型地区防洪安全和水资源安全现状，初步建立台风影响下的流域降雨量预测模型，提出沿海城市规划设计中的气候质量评价方法。

突破了风云二号双星沙尘暴遥感监测，静止 / 极轨全球沙尘暴监测等关键技术，完成静止 / 极轨沙尘暴多源综合监测业务系统集成，实现全球范围内每 6 小时一次，中国及周边地区至少每半小时一次的沙尘天气遥感监测。建立具有自主知识产权的亚洲沙尘暴数值预报系统，实时预报中，平均 TS 评分达到 0.3，空报、漏报率减少 5%。建立西北地区沙尘暴影响综合评价指标体系，提供卫星遥感、数值预报与 GIS 集成的西北沙尘暴卫星遥感监测与影响评估业务服务系统。

提炼出京津冀城市（群）对局地暴雨、浓雾、降雪影响的预报关键因子，并建立天气预报模型；研发出适用于京津冀城市群复杂下垫面通量和边界层结构的参数化方案；开发出适用于京津冀资料同化分析业务系统的雷达和 GPS 水汽斜路径资料同化技术；建立耦合城市冠层参数化、陆面参数化、城市边界层参数化方案的数值预报业务模式（3 千米）；建立适用于京津冀城市群局地暴雨、浓雾、降雪等高影响天气预报的业务集成系统，其预报能力提高 5% ～ 10%。

针对我国干旱、洪涝、低温灾害、森林火灾等农林气象灾害，建立重大农林气象灾害立体监测体系，开发预测预警和动态评估服务系统；研发风险评价技术软件与区划模型，制定风险综合管理对策，为防灾减灾提供科学依据。

在“三北”、中南、西南低山丘陵区及黄淮海平原重点开展基于种间关系的高效可持续农林复合系统构建及调控技术；集成试验示范长江流域防护林体系整体优化及调控技术、“三北”地区水源涵养林体系构建技术、黄土及华北石质山地水土保持林体系构建技术、林业生态安全体系构建技术；建立不同区域、不同类型牧区饲草生产技术集成模式，实现大面积示范与推广。

三、减缓气候变化科技

（一）碳捕集、利用与封存技术领域（CCUS）

推动筹建二氧化碳捕集、封存与利用（CCUS）产业技术创新联盟，围绕二氧化碳捕集、利用与封存领域关键共性技术进行协同创新，提升我国二氧化碳捕集、利用与封存领域产业的核心竞争力和自主创新力。已经完成协调国内40多家相关企业、高校、科研院所等所有成员单位，目前已成立这一新联盟。

组织二氧化碳捕集、利用与封存（CCUS）技术研发。神华集团CCS示范总累计注入57 605吨。注入速率13.44吨/时完全满足10万吨/年的设计要求。中石化大规模燃煤电厂烟气CCS项目开发出拥有自主知识产权的新型高效低能耗的胺基溶剂，较传统二氧化碳捕集方法的能耗大幅下降，有效解决了燃煤电厂烟气二氧化碳捕集过程再生能耗高等关键技术难题。鞍钢鲅鱼圈新区高炉喷吹焦炉煤气工程在世界范围内首次实现在特大型高炉（4 038立方米）上焦炉煤气和煤粉混合喷吹。研发含二氧化碳火山岩气藏安全高效开发和驱油技术，为建成国内首个、世界第2个工业规模的二氧化碳驱油和埋存试验基地提供技术支撑。二氧化碳驱油技术大大提高了松辽盆地 5.4 亿吨低渗难采储量的效用率，可提高已开发 6 亿吨低渗储量采收率 10%～15%，初步建成了吉林长岭含二氧化碳天然气藏开发和大情字井油田二氧化碳驱油与埋存两个示范区；形成了具有中国石油特色的陆相沉积低渗透油藏 CCS-EOR 减排增效一体化模式。陕西延长石油开展超低渗油田二氧化碳驱油提高采收率，可提高采收率 10%，为规模实施二氧化碳驱油和国家制定可持续发展相关政策提供了技术保障。中科院山西煤化所等开展二氧化碳化工利用关键技术研发与示范，提出二氧化碳制备合成气、甲醇、聚氨酯等关键技术。四川大学提出利用二氧化碳矿化联产硫基复肥、钾肥等关键技术，为捕集二氧化碳多领域利用提供新的路径。

（二）能源领域减排

在智能电网领域，国家风光储输示范工程（一期）成功竣工投产，标志着我国建成世界上首座集风电、光伏发电、储能及智能输电“四位一体”的新能源示范电站，实现了新能源发电与并网、关键设备和工程建设等方面的重大技术突破，也为我国电网接纳大规模新能源提供了良好示范；成功实现了极端天气灾害下电网应急运行技术等四大技术突破，建成覆盖南方电网全网中重冰区的输电线路覆冰监测系统，使我国电网抵御雨雪冰冻极端天气灾害能力大幅提高，相关技术成果达到国际领先水平。

在洁净煤领域，建成我国首个具有自主知识产权的 250 兆瓦级大型 IGCC 电站（总功率 265 兆瓦、发电煤耗降至 255.19 克 / 千瓦 · 时）并成功实现并网发电运行，标志着我国已掌握大型 IGCC 电站的系统设计、气化、净化、空分、余热锅炉和汽轮机发电系统等一系列关键技术，对进一步推动我国洁净煤发电技术进步、促进煤炭高效清洁利用具有重要意义。

在太阳能发电领域，一是建成亚洲第 1 个兆瓦级塔式太阳能热发电实验电站，初步掌握塔式太阳能热发电成套设计制造技术，成为世界上第四个能够独立设计和建设规模化太阳能热发电站的国家；二是配合财政部等部门加快推进了金太阳示范工程，2012 年确定支持两批共计 373 个金太阳示范项目，批复装机 4 544 兆瓦。截至目前，金太阳示范工程已累计支持荒漠并网、建筑一体化、园区集中连片式等各类光伏发电项目 700 余个，批复装机容量约 5 800 兆瓦，国拨支持经费超过 140 亿元。

在核能领域，建成我国首个快中子反应堆（热功率 65 兆瓦、电功率 20 兆瓦），并成功实现并网发电运行，标志着我国成为全球为数不多的掌握快堆技术的国家之一，为实现我国“热堆—快堆—聚变堆”三步走战略奠定了重要基础。近年来，核电专项通过引进消化吸收，基本掌握了 AP1000 设计技术、关键设备和材料设计制造技术；自主设计的功率更大、安全性更高、经济性更好的 CAP1400 完成了初步设计，相关试验验证及设备材料研制稳步推进，我国三代核电发展战略布局已经形成，正朝着预期方向发展。自主知识产权，具有第四代核能安全特性的高温气冷堆核电站燃料元件、关键设备及材料取得突破，全球首座商业运行的 20 万千瓦高温堆示范电站已开工建造。

（三）交通领域减排

基本掌握了新能源汽车关键技术，开发了以混合动力、纯电动、燃料电池为代表的拥有自主知识产权的新能源汽车动力系统技术平台，累计开发了 400 余款新能源汽车整车产品，产品核心技术竞争力显著提高；建立了若干个新能源汽车测试中心；颁布了若干条电动汽车国家标准，初步形成电动汽车技术标准体系；形成了新能源汽车关键零部件研发、生产配套技术体系；初步显现以环渤海、长三角、珠三角、东北、长株潭、西南为代表的产业集群，产业环境明显改善。“十城千辆”节能与新能源汽车示范推广应用工程在全国 25 个试点城市开展，并在 6 个试点城市率先开展了私人购买电动汽车的补贴试点。在“十城千辆”示范带动下，全国有 2.7 万辆的电动汽车在各地持续示范运行，整体运行情况良好。示范试点工作顺利开展初步证明，通过科技研发与示范运行相结合的方式是改进、提升新能源汽车产品性能和推动新能源快速产业化发展的有效途径。

科技部与工信部组织专家完成 5 批《节能与新能源汽车示范推广应用工程推荐车型目录》的审定工作，共新增列入了来自 46 家企业的 87 个节能与新能源汽车产品。

（四）材料领域减排

技术创新方面：LED 外延材料、芯片制造等方面均在“十一五”基础上有所提高，大功率白光 LED 光效 137 流明 / 瓦，特别是具有自主知识产权的 Si 衬底 LED 方面，光效已达到 120 流明 / 瓦，较“十一五”的 90 流明 / 瓦有大幅提高；下游应用与国际技术水平同步，LED 射灯、筒灯、球泡灯等产品平均光效 60 流明 / 瓦，LED 隧道灯、路灯平均光效 80 流明 / 瓦。

产业化方面：芯片国产化率已达到 68%。目前国内提供的照明芯片数量已经从无到有，达到需求总量的 17.4%，预计 2012 年可超过 25%。我国已成为 LED 球泡灯、射灯、筒灯、管灯等功能性照明应用的全球制造基地，制造能力全球首位；2011 年功能性照明产量 1.8 亿只，70% 以上产品出口，出口量全球首位。

应用推广方面：会同财政部、发改委组织开展了“2012—2013 年度半导体照明产品财政补贴推广项目”。按照财政部最终确定的推广上限计算，本次中标企业可获财政补贴推广室外照明产品（LED 路灯、隧道灯）88 万盏、室内照明产品（LED 筒灯、射灯）790 万盏。

“十城万盏”应用试点示范成效显著：有效推动了技术集成和创新应

用，促进了市场机制和商业模式的形成，半导体照明产业的社会认知度显著提升。目前 37 个试点城市已实施示范工程超过 2 000 项，应用 LED 灯具超过 600 万盏，年节电超过 5 亿度。

此外，面向钢铁行业，支持超超临界火电用特殊钢材料的研发和产业化；拟建成焦炉烟气、烧结余热回收、转炉余热回收示范装置、高炉熔渣调质及直接成纤技术生产线和调质高炉渣纤维生产建筑墙体 / 工业管道保温示范线，在难回收余热动力回收和利用高炉熔渣直接成纤生产矿渣棉及其制品研发领域取得一系列创新性成果。面向有色行业，拟围绕低极距型槽结构设计与优化、低温电解质体系、低温低电压铝电解新工艺及临界稳定控制、节能型电极材料制备等方面进行原始和集成创新，形成了具有自主知识产权的系列技术和创新成果。成果将推广应用在部分新建、改造的生产线上，为全面推广使用提供示范和技术支撑。

（五）农业领域减排

生物质能的开发利用方面，针对我国生物燃料产业化的共性关键技术的瓶颈制约，以创立纤维素类生物质高效利用技术体系为目标，围绕木质纤维素类生物质资源新种质创制，高效预处理技术、生物燃气、纤维素乙醇、生物航空燃料和生物燃油等涉及生物质能源产品产业化的难点进行研究，攻克一批高效转化的核心关键技术，建设体现技术与产品特色的技术集成示范，将显著提高我国生物液体燃料产业的科技支撑能力。针对当前我国生物质固体成型燃料产业链中存在的技术、设备和模式等问题，以秸秆、林业剩余物为主要原料，以低能耗成型、高效燃烧、高值化利用为目标，以分布式民用供热示范和工业化大规模集中发电示范两大示范为主线，以成套装备基地化产业化为依托，着重突破原料收集处理、低能耗固体成型、应用示范等成型燃料产业链的关键环节的共性技术和装备，并进行分布式应用和工业化示范，为形成系统的生物质固体成型燃料产业链提供示范和技术支撑。围绕生物基材料产业发展存在成本高、产品性能低于石油基材料、产业化基础研究薄弱、自主创新能力不足、高附加值产品少等迫切需要通过科技创新解决的核心问题，以高值化综合利用为目标，以生物基材料和化学品两大类产品为核心，突破生物基材料制造过程的生物合成、化学合成改性及树脂化、材料加工等关键技术，实现重要生物基产品的低成本规模化生产。

（六）绿色建筑与建筑节能减排

在技术和标准方向上，实现绿色建筑关键技术和技术集成水平的突破，建立科学完备的绿色建筑评价技术和标准体系，形成覆盖国家和地方两级、涵盖不同建筑类型的绿色建筑评价标准和技术体系，为绿色建筑的快速和健康发展提供技术和标准支撑。目前，已为我国《绿色建筑评价标准》的发行及修订和后评估工作提供了重要支撑，同时为我国《绿色商店建筑评价标准》《绿色医院建筑评价标准》的启动编制工作，以及绿色工业建筑的评价指标体系研究提供有力支持。

在建材、产品和装备方面，扶持一批绿色建筑新型建材及核心装备的研发和生产基地，充分利用绿色建筑快速发展的契机，带动绿色建筑相关产品的产业化发展。

在集成与示范方向上，大规模开展了适应我国不同气候区、不同经济发展水平和生活习惯的绿色建筑与建筑节能技术集成与示范，以创建大批全国各个气候区不同建筑类型的绿色建筑示范工程，充分集成绿色建筑适宜技术，利用示范效应，带动建筑的绿色化规模化发展。

注重农村及西部城镇的绿色建筑与建筑节能科技工作，开展供热能效提升、传统民居节能改造等技术研发，针对传统民居节能技术，柴灶、火炕、火墙的内部构造优化，室内合理布局及优化配置，热风采暖技术，自然通风及混凝土通风技术，炊事、采暖、通风节能装置的理论模型，村镇建筑供热能耗统计方法及节能评价，村镇建筑被动太阳能采暖技术，村镇建筑太阳能热水供热采暖关键技术，村镇建筑太阳能空气采暖技术，太阳能与其他资源在村镇建筑中的综合利用，太阳能辅助热泵供热水体统等十项关键技术展开研究，促进资源的高效利用，降低大气污染，解决村镇能源问题。

四、应对气候变化国际科技合作

（一）全面开展碳捕集、利用与封存技术合作

与欧盟共同推动了燃煤发电近零排放合作项目第 IIA 阶段的合作进程，与欧方就预科研项目征集标准、遴选条件等方面取得了初步一致，为项目的进一步发展和指导委员会的召开奠定了基础；推动与澳大利亚的第二期合作，在“中澳清洁煤联合工作组”的支持下，开展国内产学研碳捕集、利用与封存技术方面的培训和重大问题预研究。围绕捕集技术选择、技术经济性评价、封存潜力评估、源汇匹配等开展了探索性的研究工作。与美国开展新型结合增强地热系统的大规模二氧化碳利用与封存技术研究合作项目，积极探索二氧化碳在地热资源开发领域的应用。

（二）中美清洁能源联合行动计划

中美清洁能源联合研究中心清洁煤技术联盟成立以来，双方的合作正在有序开展，初步呈现了 5 个合作亮点：（1）整体煤气化联合循环及燃烧前二氧化碳捕集技术的合作；（2）燃烧后二氧化碳捕集技术合作；（3）微藻固碳技术的合作；（4）二氧化碳地质封存技术；（5）富氧燃烧技术的合作，涵盖 CCUS 的“碳捕集—碳利用—埋存”三个关键技术领域。中美双方的

科学家在联盟确定的合作项目框架下，围绕中美大型示范项目（如 250 兆瓦绿色煤电 IGCC 项目）开展合作研究，部分领域实现了对美技术输出可行性或在美进行技术示范。

（三）中美化石能科技合作

和美国能源部联合召开的《中美化石能技术开发与利用合作议定书》2012 年协调会于 8 月 30 日在美国华盛顿成功举行。自新一轮《中美化石能技术开发与利用合作议定书》签署以来，双方已在电力系统、清洁燃料、石油与天然气、能源与环境技术、气候科学等多个重点领域方向达成共识，开展了一系列富有成效的合作项目，为推动两国能源科技进步、促进两国双边关系和谐发展作出了积极贡献。

（四）与国际组织的科技交流与合作

举办了“2012 年中国与 IEA 科技合作工作研讨会”，参加了 IEA 能源研究与技术委员会化石燃料工作组会议、洁净煤中心实施协议执委会会议等，协助相关科研机构加入了“太阳能供热制冷”、“国际智能电网行动”2 个 IEA 实施协议，使目前我国加入的 IEA 实施协议数达到了 17 个（其中 15 个是缔约方，2 个是赞助方）。

（五）与其他国家和国际组织的科技交流与合作

进一步加强了与欧盟、英国、东欧国家、日本、韩国等在能源科技领域的交流与合作，组织了中欧能源合作大会、中罗新能源领域科技交流、中韩科技创新论坛、中欧中小企业合作项目研讨会等一系列重要学术会议和考察交流活动。

（撰稿人：科技部社会发展科技司　孙成永　沈建忠　康相武　马欣）

2012年以来中国工业领域应对气候变化的政策与行动

工业能源消费量占全社会能源消费总量70%以上，是控制温室气体排放的重要领域。2012年以来，工业和信息化部积极推进应对气候变化工作，深入贯彻落实国务院《"十二五"控制温室气体排放工作方案》，制定了《工业和信息化部贯彻落实"十二五"控制温室气体排放工作方案任务分工》，联合国家发展改革委、科技部、财政部印发了《工业领域应对气候变化行动方案（2012—2020年）》，采取综合措施应对气候变化，推进工业低碳发展。

一、加快产业结构调整

按照《国务院关于印发工业转型升级规划（2011—2015年）的通知》（国发［2011］47号）要求，以转变经济发展方式为主线，组织实施钢铁、有色、建材、石化和化工、节能与新能源汽车、工业节能、大宗固废、清洁生产等"十二五"专项规划，着力改造提升传统产业，培育壮大战略性新兴产业，加快推动工业转型升级。

加大企业技术改造力度。组织实施技术改造专项，将工业节能降耗、减排治污作为重点，加大工业投资的引导和支持力度。2009—2012年，安排节能减排促进工业绿色发展类项目约占全部技术改造项目的20%，总投资占比约 15%。2013 年，重点支持石化、建材、钢铁、纺织、有色等行业节能减排，加大对节能环保装备、技术研发和推广应用的支持力度，安排节能减排促进工业绿色发展类项目约占全部技术改造项目的 20%，总投资占比约 21%，安排技术改造专项资金占比约 22%。

加大淘汰落后产能力度。2012 年全国共淘汰炼铁落后产能 1 078 万吨、炼钢 937 万吨、焦炭 2 493 万吨、水泥（熟料及粉磨能力）2.5 亿吨、平板玻璃 5 856 万重量箱、造纸 1 057 万吨，炼铁、炼钢等 21 个工业行业均完成了年度目标任务。2013 年，淘汰落后产能各项工作稳步推进，4 月向各地下达了 2013 年 19 个工业行业淘汰落后产能目标任务，7 月公告首批淘汰落后产能企业名单，涉及企业 1 400 多家，要求确保列入公告名单内企业的落后产能在 2013 年底前拆除淘汰，不得向其他地区转移。

加快推动节能与新能源汽车产业发展。与发展改革委、科技部、财政部联合编制《节能与新能源汽车产业发展规划（2012—2020 年）》，由国务院批准发布。会同财政部、科技部组织实施新能源汽车产业技术创新工程，2012 年有 25 个项目列入年度新能源汽车产业技术创新工程支持项目名单。进一步完善节能与新能源汽车标准体系，截至 2012 年底，累计发布 60 多项新能源汽车相关标准，涉及电动汽车及动力电池安全、能耗消耗量测量、充电接口及通信协议等领域。继续实施节能汽车推广补贴政策，2012 年列入节能汽车推广目录的 198 个车型共生产 230 多万辆，1.6 升及以下排量节能汽车 3 000 元补贴政策延长至 2015 年底，提高油耗标准 7%。经国务院批准，2012 年 1 月 1 日起对节约能源的车辆，减半征收车船税；对使用新能源的车辆，免征车船税。联合有关部门发布了两批减免车船税的车型目录、两批不属于车船税征收范围的车型目录，共 346 个车型可享受车船税优惠政策。会同有关部门联合发布《乘用车企业燃料消耗量核算办法》，建立了国产、进口汽车统一管理的企业平均燃料消耗量评价考核体系，定期发布企业平均燃料消耗量。深入推进公共服务领域节能与新能源汽车示范推广和私人购买新能源汽车补贴试点，混合动力客车推广范围从25个示范城市扩大到全国所有城市。

二、加快推进工业节能

2012年，规模以上工业企业单位增加值能耗同比下降7.29%，同比降幅扩大3.8个百分点。烧碱、电石、合成氨、水泥、平板玻璃、粗钢、粗铜、氧化铝、电解铝等单位产品综合能耗同比分别下降7.23%、2.51%、1.21%、3.2%、3.25%、1.79%、13.26%、2.09%、0.28%。

会同科技部、财政部发布了《关于加强工业节能减排先进适用技术遴选评估与推广工作的通知》，筛选出钢铁、化工、建材等11个重点行业首批600余项节能减排先进适用技术，完成了工业节能减排技术信息平台建设，形成了《工业节能减排先进适用技术评估指标体系与评估方法》《工业节能减排先进适用技术目录》《工业节能减排先进适用技术指南》《工业节能减排先进适用技术应用案例》，建立工业节能减排技术遴选、评估和推广的长效机制，推进工业节能减排技术成果应用。

发布《节能机电设备（产品）推荐目录（第三批）》《高耗能落后机电设备淘汰目录（第二批）》。发布2011年度化工、钢铁等6个行业重点用能产品能效标杆指标及企业，涉及26种产品、36类标杆指标、89家标杆企业。组织开展高效节能家电产品评价活动，与安徽省联合召开家电博览会，发布了“能效之星”家电产品。会同财政部安排中央财政专项资金，在石油化工、建材、钢铁、有色等行业支持一批重点用能企业能源管理中心示范项目建设，推进工业化与信息化深度融合，提升工业能源利用信息化水平。探索市场化节能新机制，开展节能自愿协议签订活动，组织开展节能服务公司筛选推荐工作。

组织实施节能与绿色发展专项行动，印发《2013 年工业节能与绿色发展专项行动实施方案》。一是实施电机能效提升计划，联合质检总局印发《关于组织实施电机能效提升计划（2013—2015 年）的通知》，召开全国电机能效提升培训交流会，组织开展电机能效提升培训，加快推动重点行业电机系统节能改造。二是实施涉铅行业绿色发展计划，联合有关部门印发《关于促进铅酸蓄电池和再生铅产业规范发展的意见》，实施铅蓄电池行业和再生铅行业准入管理，联合环保部分批发布企业准入名单。会同国家发展改革委、财政部等 10 个部委研究起草《关于加强内燃机工业节能减排的意见》，2013 年 2 月由国务院办公厅印发，大力推进内燃机节能减排新技术和新产品推广应用，开展内燃机产品再制造，积极发展替代燃料内燃机，提高内燃机燃油效率和减少二氧化碳排放。

会同财政部、国家发展改革委等实施节能产品惠民工程，加强节能产品惠民工程信息核查与监管工作，制定发布了空气调节机、台式微型计算机、通风机、水泵、压缩机、变压器等产品的推广实施细则，有效提升工业产品能效水平，促进高效节能产品推广使用，拉动高效节能产品消费。

营造全社会参与工业节能的良好氛围，在节能宣传周和全国低碳日期间，举办利用合同能源管理模式助推电机能效提升经验交流会、工业企业先进节能技术产品交流会、应对雾霾天气健康知识讲座、绿色低碳体验、发送节能公益短信等活动。

三、大力推行工业清洁生产，加快发展循环经济

全面贯彻落实《工业清洁生产推行“十二五”规划》，实现由重点抓技术推广应用向设计开发、工艺技术进步、有毒有害物质替代全过程全面

推行清洁生产的转变，重点行业清洁生产水平进一步提高。编制印发水泥、ADC 发泡剂、荧光灯、电镀、制药、电石 6 个行业清洁生产技术推行方案。利用财政资金支持实施清洁生产技术示范工程。联合有关部门发布开展产品生态设计的指导意见，研究提出汽车、电子电气产品生态设计评价指标，推进电子电气产品有毒有害物质控制立法工作。积极推进重金属污染防控，印发电池行业清洁生产实施方案，推进铅蓄电池产业升级和铅污染防控。组织实施铬盐行业清洁生产计划、荧光灯行业汞污染控制技术政策路线图和稀土行业清洁生产计划，从源头控制铬、汞等重金属污染。联合有关部门发布《中国逐步降低荧光灯含汞量路线图》，推进汞污染防治。

选择 12 个地区开展工业固体废物综合利用基地建设试点工作，开展了工业固体废物综合利用基地建设“院士专家行”活动，完成 12 个基地建设试点地区实施方案的评审和批复工作。发布《工业固体废物综合利用先进适用技术目录（第一批）》《废旧轮胎综合利用行业准入公告管理暂行办法》以及符合《废钢铁加工行业准入条件》企业名单。

研究起草推进工业循环经济发展若干意见，组织申报和筛选 3 项工业循环经济重大示范工程，树立一批工业循环经济典型模式。积极推进 8 个行业 35 家单位再制造试点工作，组织开展认定、发布再制造产品目录，推动内燃机、机床、机电产品再制造。

（撰稿人：工业和信息化部节能与综合利用司　高东升　王文远　王煦）

2012年以来中国防灾减灾领域应对气候变化的政策与行动

防灾减灾是适应全球气候变化，减轻自然灾害风险的重要举措。为有效应对气候变化带来的重大挑战，在国家减灾委员会的领导下，在减灾委各成员单位的密切配合下，民政部围绕灾害应对、机制建设、应急保障、综合减灾、宣传教育、国际合作等方面，加大工作力度，突出综合防灾减灾，取得了显著成效。

一、积极应对各类重特大自然灾害

2012年以来，我国极端天气气候事件频发多发，局地暴雨、干旱历史罕见，城市内涝、山区山洪泥石流十分突出，台风密集登陆，地震频繁发生，给灾区经济社会发展和人民生命财产安全带来较大影响。在党中央、国务院的坚强领导下，各部门和各区政府密切配合、通力合作，有效应对了甘肃岷县特大冰雹山洪泥石流，华南、华北洪涝风雹灾害，沿海台风，云南彝良、四川芦山、甘肃岷县和漳县等地震，以及西藏墨竹工卡、云南彝良等山体滑坡。做到24小时应急值守，灾害发生24小时内救灾人员到达灾区、救灾物资发放到位。截至2013年11月20日，国家减灾委、民政部共启动救灾预警响应21次（2012年11次，2013年10次），启动应急响应76次（2012年38次，2013年38次），会同财政部及时安排下拨中央自然灾害生活救助资金 158.1 亿元（2012 年 116 亿元，2013 年 42.1 亿元），及时开展倒损民房恢复重建，组织开展冬春救助，有效保障了受灾群众的基本生活。

二、不断完善减灾救灾工作制度

会同财政部、保监会制定下发了《关于进一步探索推进农村住房保险工作的通知》，规范各地农房保险工作，拓展农房保险覆盖面。会同财政部修订了《中央救灾物资储备管理办法》，进一步细化救灾物资的发放、使用、回收和报废程序。制定了《全国综合减灾示范社区创建管理暂行办法》《中央救灾物资储备库管理暂行办法》《因灾倒塌、损坏住房现场核查评估工作规范》，修订了《民政部救灾应急工作规程》《全国综合减灾示范社区标准》，进一步规范全国综合减灾示范社区创建、中央本级救灾物资储备库和中央救灾物资代储库的管理、倒损住房现场核查评估和救灾应急工作。出台了《进一步加强自然灾害社会心理援助工作的指导意见》《民政部关于加强自然灾害救助评估工作的指导意见》《民政部关于加强减灾救灾志愿服务的指导意见》《民政部关于加强救灾装备建设的指导意见》《民政部关于完善救灾捐赠导向机制的通知》，进一步完善灾害救助各项工作机制，为进一步做好减灾救灾工作提供了政策制度保障。

三、大力提升灾害应急保障能力

2012 年以来，民政部加强了救灾物资储备工作，组织研究制定救灾指挥帐篷等标准，扩大救灾储备物资品种，分批采购了价值 4.6 亿元的帐篷、棉大衣、棉被、折叠床、折叠桌凳、家用取暖设备和场地照明设备等物资，中央救灾物资储备能力进一步提升。实施中央救灾物资储备库改扩建项目，格尔木、乌鲁木齐 2 库竣工验收，长沙、武汉、沈阳、哈尔滨 4 库批复初步设计及概算，具备开工建设条件，拉萨、合肥、重庆 3 库批复可研报告，进入设计阶段。完成全国民政救灾即时通系统的上线运行，基本覆盖全国所有县以上救灾人员和国家减灾委成员单位联络员。推动以业务培训为主要内容的基层灾害信息员队伍建设，各地组织培训灾害信息员 13 万余人，初步建立了受训灾害信息员数据库。

四、稳步推进综合减灾能力建设

印发贯彻落实《国家综合防灾减灾规划（2011—2015 年）》任务分工方案，国家发展改革委、财政部、中编办等部门研究推进项目实施，组建项目论证组，制定工作方案，抓紧推动项目论证和实施。目前，综合减灾示范社区和避难场所建设工程项目已启动实施，创建完成 2012 年度全国综合减灾示范社区 1 273 个，国家发展改革委安排 5 亿元专项规划资金支持各地建设应急避难场所。环境减灾卫星星座建设工程项目中的 C 星于 2012 年 11 月 19 日成功发射。灾害应急救助指挥系统、综合减灾信息化等工程项目论证工作正稳步推进。完成了国家综合防灾减灾战略课题研究，举办了第三和第四届国家综合防灾减灾与可持续发展论坛。

五、深入开展防灾减灾宣传教育

围绕提高公众防灾减灾意识和避险逃生技能，国家减灾委、民政部积极推进防灾减灾宣传教育和科普工程建设；以全国“防灾减灾日”和“国际减灾日”为契机，指导全国开展防灾减灾宣传教育系列活动。2012 年和 2013 年分别组织开展了以“弘扬防灾减灾文化，提高防灾减灾意识”“识别灾害风险，掌握减灾技能”为主题的防灾减灾宣传周系列活动。各地区、各有关部门通过张贴海报、举办展览、组织现场咨询等手段，开展有针对性的防灾减灾科普宣传活动；结合区域或行业灾害风险特点，以城乡社区、机关、学校和企业为平台，通过专家讲授、现场演示、播放视频、举办培训班、知识竞赛等形式，组织开展面向社会公众的防灾减灾基本技能普及活动。

六、务实推进减灾救灾国际合作

在上海合作组织总理会议上签署了《〈上海合作组织成员国政府间救灾互助协定〉议定书》，参加世界减灾部长级会议、第五次亚洲部长级减灾大会、第七次上海合作组织成员国紧急救灾部门领导人会议和中日韩三国灾害管理部门负责人会议、上海合作组织边境地区紧急救灾部门领导人第四次会议、东盟地区论坛第 11 次救灾会间会、APEC 灾害管理高官论坛及备灾小组工作会议，召开了中俄印三国灾害管理部门第五次专家会议、上海合作组织联合救灾演练筹备会、APEC 灾后重建研讨会，并于 2013 年 6 月在浙江省绍兴市成功举办上海合作组织成员国联合救灾演练，上海合作组织、中俄印、中日韩和东盟地区论坛等框架下的防灾减灾交流合作不断推进。继续加强与联合国、相关国际组织和机构在减灾救灾领域的合作，2013 年 5 月民政部率团参加了第四届全球减灾平台大会，充分展示我国减灾救灾领域的成就和经验，不断提升我国在国际社会的地位和影响。

（撰稿人：民政部救灾司　来红州　王东明　左贵州）

2012年以来中国财政领域应对气候变化的政策与行动

一、实施重点节能工程，加快培育以低碳排放为特征的现代产业体系

（一）加快推进工业、建筑、交通运输等重点领域节能改造

在工业领域，支持479个节能技术改造项目，预计可形成849多万吨标准煤的节能能力；支持淘汰焦炭1 692万吨、水泥5 881万吨、玻璃2 720万重量箱、小火电545万千瓦等落后产能；大力推行合同能源管理，支持工业企业能源管理中心建设。

在建筑领域，印发了《“十二五”建筑节能专项规划》，对“十二五”时期建筑节能工作目标、重点领域、实施方案、保障措施等方面进行了部署；支持北方采暖区既有居住建筑供热计量及节能改造2亿平方米，夏热冬冷地区启动1 200万平方米节能改造试点，在20个省市及191所高等院校试点建设公共建筑能耗动态监测平台。

在交通运输领域，支持291个公路节能照明、天然气车辆、绿色汽车维修节能减排项目，同时，为发挥项目集成示范效应，将南昌市和连云港市列为交通节能减排区域性和主题性试点；支持公路甩挂运输发展，重点支持甩挂运输站场建设、车辆购置和信息化系统建设；支持长江干线船型标准化，加快淘汰小吨位船舶、单壳液货船和生活污水排放不达标的船舶

和鼓励老旧运输船舶提前报废；支持老旧铁路机车和铁路客车报废更新；支持民航节能技术改造、管理节能、节能产品及新能源应用、航路优化项目建设等254个节能减排项目。

（二）大力发展循环经济

新批复6个“城市矿产”示范基地，16个餐厨废弃物资源化利用和无害化处理试点城市（区）和22个循环化改造示范园区。支持工业领域清洁生产技术示范和推广，同时启动了农业、服务业领域清洁生产示范工作。支持再生资源回收利用，促进污染排放减量化和循环经济发展，在全国范围内支持区域性再生资源回收利用基地建设，并支持部分城市开展城市再生资源回收利用体系建设试点，探索城市再生资源回收利用的有效模式。

（三）开展节能减排财政政策综合示范

结合实施方案，根据综合示范工作量、节能减排效果、长效机制建设，支持北京等8个示范城市从产业低碳化、交通清洁化、建筑绿色化、服务集约化、主要污染物减量化、可再生能源利用规模化等方面深入推进节能减排。

二、努力扩大节能环保产品消费，推动建立低碳消费模式

在做好节能汽车、高效电机、节能灯等推广工作的基础上，进一步出台并实施高效节能平板电视、空调等5大类家电及风机、水泵等4类工业产品推广政策，支持推广高效节能空调267万台、平板电视268万台、电冰箱169万台、洗衣机77万台、热水器11万台、节能汽车62万台等高效节能产品，有力促进了扩大消费需求、产业结构调整、企业转型升级。

三、加快推进重点减排工程建设，加大环境保护力度

（一）节能减排重点工程建设

通过中央基建投资，支持十大重点节能工程、循环经济和资源节约重大示范项目及重点工业污染治理工程等项目。

（二）三河三湖及松花江流域水污染防治

支持 1 300 多个建设项目。同时，会同国家发展改革委、环保部与辽宁省政府签署协议，支持辽河流域率先摘掉重污染的帽子。

（三）加快城镇污水处理设施配套管网建设

采取集中支持与整体推进相结合的方式，突出轻重缓急，向中西部等欠发达地区适度倾斜，重点支持三河三湖流域、松花江流域、南水北调沿线、三峡库区、长江中下游、环渤海、黄河中上游等流域和重点水源地县及重点镇污水管网建设。累计已支持 2 万公里污水管网建设长度。

（四）加快推进湖泊生态环境保护工作

支持 27 个水质良好的湖泊加强生态环境保护工作。

（五）加大农村环保“以奖促治”政策实施力度

选择 23 个省（区、市），累计支持 2.6 万个建制村开展环境综合整治，带动地方投入上百亿元，直接受益人口约 5 700 万。

（六）加强重金属污染防治

累计支持湖南、河南、湖北、云南等26个省份开展铅、汞、铬、砷等重金属污染防治工作，集中解决了一批危害群众健康和生态环境安全的重金属污染问题。

（七）加快环境监测能力建设

累计支持建设350个国家、省级、地市级污染源监控中心，配置环境监测、统计设备18万多台（套），对1.5万家企业实施了污染源自动监控，实现对水、大气环境以及企业排污口的全方位、多层次监控。

（八）新安江流域水环境补偿试点

启动了新安江流域水环境补偿机制试点工作，并取得实质性进展。试点工作为探索建立适合中国国情的跨省流域生态补偿机制、促进流域上下游经济社会协调发展开拓了全新路径，为其他跨省流域建立生态补偿机制发挥了积极的示范作用。

（九）排污权有偿使用和交易试点

在江苏、浙江、天津等11个省（直辖市）开展了排污权有偿使用和交易试点，相关配套政策措施不断健全，排污权有偿使用和交易制度逐步建立，市场配置环境资源的功效初步显现，产业结构调整和污染减排成效明显。

四、积极支持发展可再生能源和新能源，推动能源结构优化升级

（一）大力推动非常规油气资源及天然气分布式能源发展

预计支持煤层气抽采利用39.4亿立方米。研究制定或完善支持政策，加快煤层气、页岩气等非常规油气资源及天然气分布式能源发展。

（二）积极支持太阳能光伏产业发展

加大“金太阳”和“屋顶计划”示范工程实施力度，示范项目装机容量达到5.1×10^9瓦（5 100兆瓦）。

（三）有序推进生物质能开发利用

支持182万吨生物燃料乙醇推广应用，同时积极推进非粮燃料乙醇产业发展，会同国家发展改革委批复了山东龙力和中兴能源（内蒙古）两个非粮生物燃料乙醇项目；促进生物柴油产业加快发展和原料基地建设；继续推进浙江省等6个试点示范省份农村水电增效扩容改造工作；开展绿色能源示范县建设，加快秸秆能源化利用。

（四）大力推进可再生能源建筑应用

新批准城市及县级示范21个和52个，新增可再生能源建筑应用示范面积8 000万平米。目前全国示范市县已完成示范面积近5亿平方米。

（五）促进海洋可再生能源开发利用

重点支持潮汐能、潮流能、波浪能等海洋能开发利用关键技术产业化示范、综合开发技术研究与试验等。

五、促进农业和农村节能减排，推进节水型社会建设

支持测土配方施肥项目和土壤有机质提升项目，引导农民科学合理施肥和有效利用农作物秸秆，促进减少农业面源污染和提高土壤有机质；在继续实施农机购置补贴的同时，重点选择部分地区开展农机报废更新工作；支持建立节水型社会制度体系，建立健全用水效率控制制度红线考核指标，加快节水技术进步及推广，支持全国节水型社会建设；发展高效节水灌溉。

六、支持节能减排科技工作

通过国家科技重大专项、863计划、973计划、科技支撑计划、自然科学基金、国家社会科学基金等国家科技计划（基金），支持节能减排相关的能源、环保等相关领域前沿技术研究、基础研究、应用技术研究等，推动我国节能减排工作开展；通过公益性行业科研专项经费，支持与节能减排相关的环保、国土资源等公益性行业主管部门，组织开展本行业应急性、培育性、基础性科研工作，建立了对节能减排相关领域科研稳定支持的新机制；通过基本运行经费、基本科研业务费、中央级科学事业单位修缮购置专项资金、社会公益类科研机构改革专项启动费、研究生培养经费补助、中央补助地方科技基础条件建设专项资金等，加大对节能减排相关科研院所的稳定支持力度，为科研人员营造潜心研究的良好环境，提高科研院所在节能减排方面的科技创新能力。

七、支持中央企业节能减排工作

支持中央企业实施工业重点节能、燃煤电厂脱硫脱硝和钢铁企业烧结脱硫，以及循环经济、节能减排关键技术示范应用等项目，涉及42户中央企业220个节能减排项目。

八、开展节能产品政府采购

会同国家发展改革委、环保部在综合考虑政策执行效果、保持适度竞争、保护国内产品等因素的情况下，组织完成了第十一期、第十二期“节能产品政府采购清单”和第九期、第十期“环境标志产品政府采购清单”的调整公布工作。按照新的政府采购品目，节能清单包括52种产品、4.6万个型号（系列）；环保清单包括66种产品、2万个型号（系列）。首次发布了节能环保产品的参数指标，增强了可操作性。

九、节能减排税收政策

（一）企业所得税

为贯彻落实企业所得税法及其实施条例中规定的企业享受公共基础设施项目和环境保护、节能节水项目企业所得税优惠政策，财政部、税务总局联合下发了《关于公共基础设施项目和环境保护节能节水项目企业所得税优惠政策问题的通知》，明确企业从事符合《公共基础设施项目企业所得税优惠目录》规定并于2007年12月31日前已经批准的公共基础设施项目投资经营的所得，以及从事符合《环境保护、节能节水项目企业所得税优惠目录》规定并于2007年12月31日前已经批准的环境保护、节能节水项目的所得，可在该项目取得第一笔生产经营收入所属纳税年度起，按新税法规定计算的企业所得税“三免三减半”优惠期间内，自 2008 年 1 月 1 日起享受其剩余年限的减免企业所得税优惠。

（二）消费税

按照“十二五”规划提出的“合理调整消费税征收范围、税率结构和征税环节”的要求，围绕增强消费税在促进节能减排和调节收入分配方面调控功能的目标，财政部正在研究将部分能源消耗较大、环境污染较重的产品纳入消费税征收范围。

（三）车船税

车船税法立法中充分体现了促“两型社会”建设的政策导向。2011 年 2 月，全国人大常委会审议通过车船税法，自 2012 年 1 月 1 日起施行。为促进节能减排，车船税法将占车辆比重 87% 的乘用车由按辆定额征税，改为按排气量分档征税；同时，对节约能源、使用新能源的车船给予减免税优惠。

（四）环境保护税

加快推进环境保护税立法工作，通过环境税费改革和制定环境保护税法，进一步绿化税制，促进经济发展方式转变；减少污染物排放和能源消耗，促进经济结构调整和产业升级；理顺环境税费关系，推动地方政府加强环境保护工作；加强部门配合，强化征管，保护纳税人合法权益。

（五）关税

1. 全面落实 2012 年关税实施方案，大力支持节能减排

为促进经济可持续发展，推动资源节约型、环境友好型社会建设，

2012 年 1 月 1 日起，继续以暂定税率的形式对煤炭、原油、化肥、铁合金等“两高一资”产品征收出口关税，进而控制高耗能、高排放和产能过剩行业的盲目发展。同时，继续通过实施较低进口暂定税率等方式，鼓励国内紧缺的重要能源、资源、原材料等产品的进口。

2. 利用关税手段支持清洁能源的开发利用，着力保障能源安全

为鼓励使用清洁能源，优化能源结构，促进节能减排，降低有关企业负担，2012 年继续对进口天然气实施按一定比例返还进口环节增值税的税收优惠政策；继续利用进口税收优惠政策鼓励石油天然气进口先进技术设备及器材，不断提高油气勘探能力；继续加大对煤层气开采企业的支持力度，改善我国能源结构。在关税等政策支持下，我国油气勘探能力不断提高，尤其是深海油气勘探开发能力获得了突破性提高，煤层气勘探开发和煤矿瓦斯治理也取得阶段性成果。

3. 积极稳妥地推进 APEC 环境产品关税减让谈判

2012 年以来，会同国内各相关单位认真研究制定我方的环境产品清单，并提交国务院关税税则委员会审议通过；积极参加环境产品关税减让谈判。在 2012 年举行的亚太经合组织第二十次领导人非正式会议上，各成员批准了环境产品清单并就降税安排达成一致意见。最终 54 项环境产品中有 29 项在我方提交的清单中，要价产品纳入率达 54%，维护了中美、中俄关系大局，在 WTO 多边贸易谈判停滞和全球经济面临挑战的时刻，对外显示了我国促进贸易投资自由化，反对贸易保护主义的决心。

十、开展排放权交易机制相关会计处理问题研究

为促进我国碳排放交易系统的建设，利用市场机制更有效地配置资源、控制温室气体排放，应该着力研究排放权交易机制相关会计处理问题，同

时积极参与排放权交易机制国际会计准则的制定工作。2011 年 7 月，中国作为亚洲—大洋洲会计准则制定机构组（AOSSG）排放权交易机制工作组的牵头国，起草并向国际会计准则理事会提交了《亚洲—大洋洲会计准则制定机构组关于国际会计准则理事会排放权交易机制准则项目的初步意见》，供其在未来改进排放权交易机制准则项目时参考。

十一、节能减排国际合作

2012 年，继续与国际金融组织开展深入务实的合作，成功推动 2 个能源类项目获亚行批准，获得贷款金额 2.5 亿美元，其中黑龙江省集中供热项目利用亚行贷款 1.5 亿美元，山西集中供热及环境改善项目利用亚行贷款 1 亿美元；与欧洲投资银行签署对华林业专项框架贷款协议，获得优惠贷款承诺约 2.5 亿欧元，拟用于支持我国不超过 8 个林业发展方面的项目建设，以通过林业发展的碳汇功能减缓气候变化；成功推动 4 个项目获得全球环境基金（GEF）批准，获得赠款承诺约 5 600 万美元，支持了对外履约国家信息通报编制、国内节能量审核体系发展、工业能效提高、建筑节能与可再生能源发展、交通行业节能减排等活动；与国际金融公司（IFC）合作开展“中国公用事业能效提高中小企业项目”和“中国能效提高地方试点项目”，主要通过风险分担机制支持国内股份制银行和民营银行向企业能效提高和可再生能源项目提供贷款，积极支持地方和中小企业节能减排。

（撰稿人：财政部经济建设司能源政策处）

2012 年以来中国国土资源领域应对气候变化的政策与行动

当前，气候变化正对世界各国产生日益重大而深远的影响，受到国际社会的普遍关注。我国是易受气候变化影响的发展中国家，党中央、国务院高度重视气候变化问题，采取了一系列措施积极应对。2009 年 8 月，时任国务院副总理李克强视察国土资源部时，作出了关于加强应对气候变化研究的重要指示，按照国务院领导的指示精神，国土资源部启动了地热资源调查评价与开发利用、气候变化地质记录、二氧化碳地质储存、地质碳汇等调查研究工作。经过多年努力，围绕气候变化，从地质工作角度取得了一些新认识、基础数据和研究成果。

一、地热资源调查评价与开发利用

加快地热、浅层地温能等清洁能源的调查和研究，摸清其分布和埋藏规律，评价其资源量、可开采量和开采潜力，全面促进浅层地温能和地热资源的开发利用，对于我国充分利用清洁能源，调整能源结构，减少二氧化碳排放具有重要意义。

截至目前，我国已有地热采矿许可证 1 122 个，登记面积 968.56 平方千米，据统计，全国现有地热商业开采井 3 000 余眼，全国地热水开采量约每年 3.5 亿立方米，居世界第一，且以每年 10% 的速度增长。我国地热的商业开采，主要用于房屋供暖、温室种植、水产养殖、医疗保健、游泳娱乐、农业干燥和工业利用等，每年创造经济效益数千亿元。2012 年应用浅层地温能供暖和制冷的建筑面积 2.8 亿平方米，实现二氧化碳减排 4 400 万吨。2011 年，国土资源部在“地质矿产调查评价”中央财政专项中共安排工作经费 1.54 亿元，分 2 批开展省会级以上城市浅层地温能调查评价工作，14 个省（区、市）共下达地方配套资金 1.56 亿元共同开展了该项工作，截至 2012 年底，31 个省会级城市浅层地温能调查评价工作已圆满完成。

国土资源部自 2010 年启动“中国温泉之乡（城、都）”命名工作，截至 2013 年上半年，共命名“中国温泉之乡（城、都）”56 处，其中“中国温泉之都”3 处、“中国温泉之城”18 处、“中国温泉之乡”35 处，命名温泉（地热）开发利用示范单位 5 处，命名浅层地温能开发利用示范单位 4 处。

2013 年，国土资源部与国家能源局、财政部、住房和城乡建设部联合印发《关于促进地热能开发利用的指导意见》（国能新能［2013］48 号），以调整能源结构、增加可再生能源供应，减少温室气体排放为目标，继续大力推动地热资源开发利用工作。按照技术先进、环境友好、经济可行的总体要求，全面促进地热能资源的合理有效利用。

二、开展气候变化地质记录研究

针对我国地质条件的优势，在西藏、新疆、海南等地湖泊，东部泥炭、渤海湾泥质海岸带等区域，部署开展气候变化野外调查记录与研究，揭示极端气候事件，自然因素、人为因素对气候变化过程的驱动，对未来气候变化进行预测。

初步结果显示，在距今 13 万年的气候演变中，全球气候主要受太阳辐射强度控制，呈现冰期（气候变冷）—间冰期（气候变暖）交替出现的自然变化过程。通过洞穴石笋、海洋沉积物、湖泊纹泥、沼泽泥炭、冰芯和黄土等古气候变化载体的研究发现，12.93 万年前全球气候出现过现今气温变化的幅度与速率，气温在 250 年内快速回暖，平均气温由 6℃升高至 12℃，北极地区和我国南海的海平面上升了 4 ～ 6 米，海水温度比现在高 3℃左右。这次气候变暖过程结束时间为距今 11.76 万年前，持续时间 1.17 万年。

目前，全球气候正处在间冰期（变暖期），已持续 1.15 万年。距今 1.15 万—8800 年间，气候迅速升温；距今 8800—4500 年间，呈现高温震荡；距今 4500—2000 年间，气温有所下降；距今 2000 年以来，逐渐波动升温，但相对平稳。如果目前全球气温以每百年 0.74℃（政府间气候变化专业委员会第四次评估报告数据）的速率持续上升，气候变化将明显偏离自然变暖规律，因此人类活动影响有可能在加速气候变暖过程。

三、积极推进二氧化碳地质储存研究

利用地下空间储存二氧化碳是目前温室气体减排的重要措施之一，欧美一些发达国家也将利用地下空间储存二氧化碳作为减排的重要战略措施之一。我国二氧化碳地质储存潜力评估结果表明，地下二氧化碳储存潜力巨大，全国陆域及浅海沉积盆地的深部咸水层、枯竭油气藏和不可采煤层等的二氧化碳地质储存潜力为 7.5 万亿吨。其中，陆域沉积盆地潜力为 5.4 万亿吨，海域沉积盆地潜力为 2.1 万亿吨。我国适宜二氧化碳地质储存的目标靶区共 260 处，总面积 2.6 万平方公里，储存潜力 1 170 亿吨，相当于 2010 年全国二氧化碳排放量的 20 倍。

国土资源部与神华集团合作，于 2010 年在内蒙古鄂尔多斯市伊金霍洛旗实施的我国首个二氧化碳地质储存示范工程是目前世界上规模最大的全流程深部咸水含水层二氧化碳地质储存工程。实施过程中，攻克了钻探、灌注、采样、监测等技术难关，形成了一整套工程技术，在储存过程中的物理化学生物作用、仿真模拟、风险评价等理论研究方面取得了重要进展。截至 2013 年 6 月，该工程已灌注二氧化碳近 12 万吨，运行正常，未发现二氧化碳泄漏及对周边环境的影响。

我国二氧化碳地质储存潜力巨大，示范工程及相应的科学研究与技术开发已形成初步技术储备，可为国家推进实施二氧化碳地质储存提供基础支撑。

四、部署启动地质碳汇研究工作

我国岩溶面积 344 万平方公里，占全球 16%。根据典型岩溶流域和入海河流的调查监测数据，我国每年岩溶作用的自然碳汇总量为 0.33 亿吨。监测与试验表明，采取人工措施，如恢复岩溶区生态、改善土地利用方式等，可大幅增加岩溶碳汇能力。据初步估算，“十二五”期间西南地区石漠化治理工程增加的年岩溶碳汇量约 1 000 万吨，相当于该地区植树造林增加的年生物碳汇量的 25%。如果到 2020 年《我国岩溶地区石漠化综合治理规划大纲》得到有效实施，人工增加的年岩溶碳汇量可达到 1.1 亿吨以上。

从土壤自然碳汇来看，根据对 160 万平方公里的地球化学调查数据，我国耕地表层土壤（0~20 厘米）的平均碳密度为 27.8 吨 / 公顷，较同纬度的欧盟国家耕地土壤平均碳密度低 21.3%。近 30 年来，通过改善土壤质量、提高耕作水平，我国华北、华中、华东等地区的土壤有机碳密度比 1980—1985 年（第二次全国土壤普查时期）分别提高了 27.7%、25.4%、10.4%，累计固碳总量约 4.1 亿吨。

研究结果表明，岩溶和土壤碳汇只是自然界的碳转移，不产生固碳效果，岩溶、土壤不仅具有数量可观的自然碳汇作用，而且可以通过采取人工措施，大幅度增加其碳汇能力。

五、下一步工作安排

国土资源部将在现有研究基础上，继续深化在地热勘查开发、气候变化地质记录、地质碳汇等方面的调查研究，加快推进二氧化碳地质储存的技术攻关，并扎实做好相关示范工程的环境评估，为应对气候变化作出积极贡献。

一是在开展省会城市浅层地温能调查评价的基础上，从 2013 年起部署开展地市级城市和国家开发区浅层地温能调查评价，并力争 3 年完成。

二是深化细化不同时空尺度气候变化特别是极端气候事件的地质记录研究。查证气候变化过程、原因及主要影响因素，预测未来气候变化趋势，为国家制定应对措施提供科学依据。

三是提高二氧化碳地质储存目标靶区调查评价程度。完善工程化技术储备，启动二氧化碳地质储存与资源化利用相结合的技术研究与工程示范。

四是构建我国岩溶、土壤等地质碳汇动态监测网络。加强相关实用技术研究和工程示范。

（撰稿人：国土资源部规划司　郝爱兵　吴爱民　林良俊）

2012年以来中国环保领域应对气候变化的政策与行动

努力做好环境保护工作是减缓和适应气候变化的重要途径，对加快转变经济发展方式、促进可持续发展、建设生态文明和美丽中国具有重要意义。环境保护部一贯高度重视应对气候变化工作。2012年以来，充分发挥在监测、统计、监管、宣教、环评和履约等方面的特色优势，重点加强主要大气污染物和温室气体协同控制，深入开展非二氧化碳类温室气体环境管理，继续推进气候友好型的环境管理研究试点示范，积极探索有利于应对气候变化的重大工程环境风险监管工作，前瞻性地开展气候变化新形势下环境保护战略研究，积极推动中国环保领域有利于应对气候变化的各项政策与行动。

一、以关键基础能力建设为抓手，不断提高环保应对气候变化综合水平

（一）深入推进温室气体排放监测试点工作

目前已在内蒙古呼伦贝尔市、山东长岛县、青海门源县初步建立了3个温室气体区域背景监测站，在31个省会城市和直辖市建立了温室气体源区监测站，形成了二氧化碳、甲烷和氧化亚氮三类温室气体实时上传小时均值的自动在线监测网络系统，针对火电、水泥、硝酸等重点行业开展

了温室气体排放监测试点，初步评估筛选了重点行业二氧化碳排放点源的监测技术。

（二）不断完善温室气体核算相关的环境统计指标体系

开展了基于第一次全国污染源普查的 2007 年温室气体排放统计核算完善及重点排放源排放统计动态更新工作，在“十二五”环境统计指标体系中增加了温室气体核算相关统计指标，开发了针对企业的二氧化碳排放核算指南，初步核算了基于环境统计报表的 2012 年全国水泥、火电和钢铁 3 个重点行业的二氧化碳排放量。此外，积极配合国家应对气候变化和温室气体排放统计体系建设工作，研究提出了含氟类温室气体排放量统计的相关指标体系。

（三）加快推进低碳生态工业园区创建

根据环境保护部发布的《关于在国家生态工业示范园区中加强发展低碳经济的通知》要求，在国家生态工业示范园区中强化低碳发展，并将其作为重点内容纳入园区建设和考核体系。同时，通过行业类和综合类的生态工业园区标准，加强了“单位工业增加值综合能耗”和“综合能耗弹性系数”的约束指标体系考核，间接控制工业园区的碳排放水平，积极推进低碳生态工业园区创建相关工作。截至 2013 年 6 月，已批准建设国家生态工业示范园区 56 个，其中有 20 个国家生态工业示范园区通过验收并正式命名。

（四）进一步加强以环境标志产品认证为基础的低碳产品认证

积极探索开展中国环境标志低碳产品认证相关工作，并分别与德国技术合作公司和英国标准协会签署了合作备忘录。截至 2012 年底，先后编制颁布了照明光源、水泥、扫描仪等12项低碳环境标志标准，已有近千种规格型号的产品通过认证，同时针对电子信息、造纸和印刷行业的6类典型产品，开展了产品碳足迹研究，为推动我国绿色可持续消费和引导低碳消费作出了积极贡献。

（五）积极探索有利于风险防控的重大气候工程环境监管工作

针对碳捕集利用与封存、页岩气开发利用等有利于应对气候变化的重大工程，开展了环境影响与环境风险评价、环境监测、泄漏事故应急、技术标准规范等方面的基础研究与监管体系建设工作，向国务院上报了加强二氧化碳捕集利用与封存环境管理的对策建议。为有效降低和控制碳捕集利用与封存全过程可能出现的各类环境风险，环境保护部研究制定了《关于加强碳捕集、利用和封存试验示范项目环境保护工作的通知》。

二、以国家温室气体强度控制目标为核心，努力减缓气候变化

（一）积极推进常规污染物与二氧化碳协同控制

以二氧化碳强度控制目标为核心，通过加大管理减排、结构减排和工程减排的环境监管力度，积极推进主要大气污染物与二氧化碳的协同控制，在常规污染物大幅减排的同时，有效实现了二氧化碳的协同控制。在电力、钢铁、水泥、交通等重点行业开展了气候友好型环境管理研究与示范试点工作，提出了主要大气污染物与温室气体协同控制的技术与政策优化路径。

（二）以清洁发展机制为契机切实减少温室气体排放

在国家发展改革委的大力支持下，积极推动化工、风力发电、垃圾填

埋气回收利用、工业废能回收利用以及生物质等多个领域的清洁发展机制项目开发，截至 2012 年底，环保部门完成的经联合国清洁发展机制执行理事会批准签发、核证的项目减排量已超过 1.7 亿吨二氧化碳当量，约占同期中国签发总量的 25% 和同期世界签发总量的 15%，为应对全球气候变化作出了实质性贡献。

（三）努力推动非二氧化碳类温室气体的控制管理

制定了《蒙特利尔议定书》下加速淘汰含氢氯氟烃的管理计划，高度关注淘汰消耗臭氧层物质与控制温室气体排放之间协同增效。截至 2012 年 6 月，我国第一阶段（2011—2015 年）含氢氯氟烃淘汰总体计划、6 个消费行业计划和 1 个履约能力建设规划获得批准。根据测算，完成 2013 年 HCFC 冻结目标相当于削减约 2 亿吨二氧化碳当量的温室气体，到 2015 年预计实现约 7 亿吨二氧化碳当量的累计减排量。此外，组织研究了国内外煤炭生产、废弃物处理、化工生产、制冷、电力和电子及冶金铸造等领域的非二氧化碳类温室气体排放及控制现状，提出了我国非二氧化碳类温室气体控排技术与对策建议。

（四）积极探索以环境影响评价制度促进重点行业温室气体减排

研究提出了建设项目和规划环评的温室气体排放估算方法，重点从指标选取、评价基准确定、控制措施及可行性分析等方面提出了基于温室气体控制的环境影响评价技术指南，开展了火电、水泥等重点行业基于温室气体控制的环境影响评价试点，为进一步深入探索以环境影响评价制度促进温室气体控制提供了实践基础。

三、以生态保护为切入点，积极适应气候变化

（一）推动生物多样性适应气候变化的政策制定

在完成编写《中国履行生物多样性公约第四次国家报告》和《中国生物多样性保护战略与行动计划（2011—2030 年）》中有关气候变化影响内容的基础上，积极开展重点区域生物多样性与气候变化现状调查，分析了未来气候变化对生物多样性的影响，初步建立了全国鸟类多样性示范监测网络，在武夷山区建立了气候变化对生物多样性影响的监测样地，提出了生物多样性适应气候变化的预警评估框架，为我国生物多样性领域适应气候变化相关政策的制定提供了科学基础。

（二）加强大气与水环境适应气候变化的科学研究

开展了空气污染对气候变化的影响及反馈研究，分析了灰霾重污染对区域气候以及气候变化对空气污染指数的影响，预测了未来气候变化情景下我国空气质量变化特征，提出了大气环境保护适应气候变化的对策。此外，还开展了气候变化影响下水环境污染风险识别和评价相关研究，为加强中国在水环境管理领域适应气候变化的能力提供了有益参考。

四、以环保宣传教育为平台，全面提升公众应对气候变化意识

（一）利用各种媒体开展宣传教育活动

结合“六・五”世界环境日、世界地球日、节能宣传周、低碳日等，开展形式多样的主题宣教活动向公众展示了中国在环境保护和应对气候变化方面的政策与行动。以宣传节能环保和热爱自然为主题的 CDM 基金赠

款项目、百集大型儿童环保科幻剧《星际精灵蓝多多》取得巨大成功，在中央电视台等主流媒体反复播出，获得国家领导同志以及多位地方省、市长的充分肯定，社会各界普遍反映良好。

（二）积极引导社会组织应对气候变化工作

举办了多期“千名青年环境友好使者行动”培训活动，编印并发放了1 200册“千名青年环境友好使者行动”项目年度创新奖画册，汇集青年环境友好使者和青年环保志愿者开展节能减排、应对气候变化创新行动方案。开展了“中国公众补天行动——含氢氯氟烃（HCFCs）淘汰社区宣传活动”，向500多名社区居民及环保志愿者讲授了控制HCFCs、保护臭氧层和应对气候变化的知识，宣传了践行低碳生活的社会责任。此外，针对领导干部、政府工作人员、企业经理和专业岗位员工、科研人员、高等院校师生等，组织举办了多期专题培训班。

五、以气候变化国际谈判为契机，广泛参与国际交流与合作

（一）积极开展务实国际合作

2012年以来，与美国、日本、意大利、挪威、澳大利亚、德国等国在减缓、适应、基础能力建设和公众意识提高等方面开展了一批务实的双边多边合作项目，具体包括页岩气开发中环境标准及其实施细则研究项目、中挪生物多样性与气候变化项目、中澳二氧化碳地质封存环境影响与风险研究项目等，为我国环境保护领域的应对气候变化工作提供了重要经验参考。

（二）积极参与应对气候变化国际谈判

2012年以来，积极参与《联合国气候变化框架公约》（UNFCCC）、《京都议定书》和政府间气候变化专门委员会（IPCC）的相关会议，积极参与蒙特利尔议定书、生物多样性公约下有关气候变化方面的议题磋商，在氢氟碳化物类温室气体、资金机制、能力建设等议题谈判中发挥了重要作用；积极组织有关专家参加UNFCCC有关国家温室气体清单质量的评审、IPCC第五次评估报告编审和IPCC优良做法指南修订等相关工作，为中国参与国际应对气候变化合作进程作出了积极贡献。

（撰稿人：环境保护部科技标准司　刘鸿志　於俊杰　汪光）

2012 年以来中国住房城乡建设领域应对气候变化的政策与行动

2012 年以来，住房和城乡建设部加强应对气候变化政策、技术研究，大力推进建筑节能与供热计量改革，积极发展绿色建筑，扩大可再生能源建筑应用规模，开展低碳生态城市试点示范和技术研究，发展城市公共交通，加强污水、垃圾处理管理，增加城市园林碳汇，积极开展国际合作，进一步加强完善应对气候变化相关的政策法规制定与实施，住房城乡建设领域应对气候变化的政策与行动取得了良好成效。

一、进一步完善应对气候变化政策法规

（一）建筑节能与绿色建筑相关政策法规

住房和城乡建设部2012年制定印发了《“十二五”建筑节能专项规划》，总结了建筑节能工作取得的成就和经验，分析了当前和今后一个时期建筑节能和绿色建筑工作面临的形势和任务，为“十二五”建筑节能工作提供规划和指导；会同财政部印发了《关于加快推动我国绿色建筑发展的实施意见》，建立高星级绿色建筑财政政策激励机制，引导更高水平绿色建筑建设，推动绿色建筑发展；组织编制印发了《既有居住建筑节能改造指南》，继续大力推进北方采暖地区既有居住建筑供热计量及节能改造工作，同时推动夏热冬冷地区既有建筑节能改造工作。2012 年以来，

住房和城乡建设部召开了供热计量改革工作会议，开展了供热计量改革工作专项监督检查，发布了检查结果通报，促进供热计量改革。

2013 年 1 月，国务院办公厅转发了国家发展改革委、住房和城乡建设部《绿色建筑行动方案》，提出开展绿色建筑行动，全面推进城乡建筑绿色发展，明确了发展绿色建筑的指导思想、主要目标、重点任务和保障措施。2013 年 4 月，住房和城乡建设部制定印发了《“十二五”绿色建筑和绿色生态城区发展规划》，提出将推动绿色生态城区、绿色建筑、绿色农房、绿色建筑产业发展，以及老旧城区的生态化更新改造。到“十二五”期末，将新建绿色建筑 10 亿平方米，实施 100 个绿色生态城区示范建设，完成北方采暖地区既有居住建筑供热计量和节能改造 4 亿平方米以上，夏热冬冷和夏热冬暖地区既有居住建筑节能改造 5 000 万平方米，公共建筑节能改造 6 000 万平方米；结合农村危房改造实施农村节能示范住宅 40 万套。

为做好住房城乡建设领域应对气候变化、低碳发展政策与技术研究，住房和城乡建设部 2013 年转发了国家发展改革委《中国低碳发展宏观战略研究项目管理办法》和《中国低碳发展宏观战略研究项目资金管理办法》，鼓励相关单位积极申报住房城乡建设领域相关项目。

为应对全球气候变化，住房和城乡建设部在工程建设标准管理过程中注重体现低碳、绿色等原则。开展了《工程建设标准应对气候变化影响相关问题研究》，并在此基础上，在住房城乡建设领域的工程建设标准化工作中，主要围绕节能建筑与绿色建筑设计、检测评价、施工验收，既有建筑的节能改造，建筑能效测评与监控，暖通空调与供热系统节能、新能源应用等领域，开展了相关标准的制修订工作。截至目前，在上述领域已发布实施的工程建设标准共计 56 项，其中 2012—2013 年上半年批准发布了《民用建筑太阳能空调工程技术规范》《光伏建筑一体化系统运行与维护规范》《被动式太阳能建筑技术规范》《可再生能源建筑应用工程评价标准》《建筑能效标识技术标准》《城镇供热系统节能技术规范》等 10 项标准，尚有 33 项相关标准正在制修订过程中。

为进一步做好民用建筑能耗和节能信息统计调查工作，住房和城乡建设部于 2012 年修订了《民用建筑能耗和节能信息统计报表制度》，要求各级住房和城乡建设行政主管部门要加强对统计调查工作的组织管理。

（二）城镇建设应对气候变化相关政策法规

2012 年以来，住房和城乡建设部先后印发了多项城市基础设施建设与运营管理、城市交通、园林绿化等方面的政策文件，引导城市低碳绿色发展，为应对气候变化作出贡献。编制印发了《全国城镇供水设施改造与建设“十二五”规划及 2020 年远景目标》；制定了《国家节水型城市考核标准和考核办法》，促进城市节水与源头减排。国务院办公厅印发《“十二五”全国城镇污水处理及再生利用设施建设规划》，“十二五”期间，计划投资 4 300 亿元建设城镇排水与污水处理设施，明确了到 2015 年城市污水处理率达到 85%、污泥无害化处理处置率达到 70% 以上、污水再生利用率达到 15% 以上等目标。国务院办公厅印发《“十二五”全国城镇生活垃圾无害化处理设施建设规划》，指导各地开展填埋气体收集利用及再处理工作，减少甲烷等温室气体排放。

住房和城乡建设部出台《关于加强城市步行和自行车交通系统建设的指导意见》，通过城市步行和自行车交通系统示范项目，引导各地加强城市步行和自行车交通建设。指导各地科学开展绿道建设，以实施绿色交通应对气候变化，在 2012 年召开“广东绿道讲坛”的基础上，2013 年，组织编写《绿道规划与设计规范》，提升绿道规划建设科学化、规范化、标准化水平。

住房和城乡建设部 2012 年出台了《关于促进城市园林绿化事业健康

发展的指导意见》和《生态园林城市申报与定级评审办法和分级考核标准》，强化城市生态、节能减排、人居环境等方面的考核，引导各地建立绿色、低碳、循环的可持续发展模式。

2012 年，住房和城乡建设部制定印发了《“十二五”城市绿色照明规划纲要》，提出了到“十二五”期末，城市照明节电率相比 2010 年底达到 15% 的发展目标。

二、建筑节能为应对气候变化工作发挥重要作用

（一）新建建筑执行节能强制性标准效果显著

截至 2012 年底，全国城镇新建建筑执行节能强制性标准基本达到 100%，全国城镇累计建成节能建筑面积 69 亿平方米，共形成年节约 6 500 万吨标准煤和减排 1.69 亿吨二氧化碳的节能减排能力。

（二）北方采暖地区既有居住建筑供热计量及节能改造持续推进

截至 2012 年底，北方 15 省（自治区、直辖市）及新疆生产建设兵团共计完成既有居住建筑供热计量及节能改造面积 5.9 亿平方米。据测算，完成节能改造的项目可形成年节约 400 万吨标准煤、减排 1 000 万吨二氧化碳的能力。改造后同步实行按用热量计量收费，平均节省采暖费用 10% 以上，室内热舒适度明显提高，并有效解决老旧房屋渗水、噪声等问题。夏热冬冷地区既有居住建筑节能改造工作已经启动，共安排改造计划 1 200 万平方米。

截至 2012 年底，北方采暖地区 15 个省（区、市）累计实现供热计量收费面积 8.05 亿平方米，出台供热计量价格和收费办法的地级以上城市达

到 116 个，占北方采暖地区的 93%。

（三）国家机关办公建筑和大型公共建筑节能监管体系建设继续深入

截至 2012 年底，全国累计完成公共建筑能耗统计 40 000 余栋，能源审计 9 675 栋，能耗公示 8 342 栋建筑，对 3 860 余栋建筑进行了能耗动态监测。共在 20 省开展能耗动态监测平台建设试点，确定天津、上海、重庆、深圳 4 个市（直辖市）为公共建筑节能改造重点城市。共确定 191 所高等院校为“节约型校园”建设试点，确定中共中央党校、清华大学等 14 所高校为节能综合改造示范。

（四）绿色建筑发展迅速

截至 2012 年底，全国共有 742 个项目获得了绿色建筑评价标识，建筑面积 7 543 万平方米，其中 2012 年有 389 个项目获得绿色建筑评价标识，建筑面积达到 4 094 万平方米。上海、江苏、深圳等省市在保障性住房建设中，全面强制推广绿色建筑。

三、低碳生态城市试点示范稳步推进

住房和城乡建设部自 2011 年成立低碳生态城市建设领导小组以来，积极开展低碳生态城市技术和试点示范，有力推动了国内城市低碳、绿色发展。

（一）开展部省、部市共建低碳生态城市试点示范

从 2010 年开始，住房和城乡建设部与深圳市、无锡市、河北省等签订了部市、部省共建低碳生态城市协议，支持地方探索建设低碳生态城市；

并于2011年下发了《住房和城乡建设部低碳生态试点城（镇）申报管理暂行办法》，对申报低碳生态试点提出了具体要求。

（二）开展绿色生态城区试点

截至2013年8月底，住房和城乡建设部已经批准了21个低碳生态城市和绿色生态城区，并于2012年与财政部联合确定给予天津市中新生态城等8个绿色生态城区各5 000万元的中央财政资金支持，鼓励城市新区按照绿色、生态、低碳理念进行规划设计建设，集中连片发展绿色建筑。

（三）推进低碳生态城市国际合作

与美国、加拿大、欧盟、德国、丹麦、英国、瑞典、法国、新加坡等国家政府有关部门签署了低碳生态城市合作谅解备忘录并开展合作。2013年住房和城乡建设部与美国能源部合作开展中美低碳生态城市试点示范，确定河北省廊坊市、山东省潍坊市和日照市、安徽省合肥市、河南省鹤壁市和济源市6个城市作为首批中美低碳生态试点城市。

（四）组织低碳生态城市相关研究

住房和城乡建设部从2007年开始启动低碳生态城市指标体系研究，先后出版和发布了《中国低碳生态城市发展战略》《中国低碳生态城市年度报告》（迄今已出版4册）；与德国国际合作机构（GIZ）合作《中国低碳生态城市发展指南》研究。在国家科技支撑计划项目中安排了低碳生态城市相关的城市规划、生态社区、建筑节能与绿色建筑、市政基础设施建设与管理、绿色交通、供排水与城市水环境、废弃物处理、数字化城市管理等领域技术研究与示范。

四、可再生能源建筑应用规模继续不断扩大

截至 2012 年底，全国城镇太阳能光热应用面积 24.6 亿平方米，浅层地能应用面积 3 亿平方米，光电建筑已建成及正在建设装机容量达到 1 079 兆瓦。共确定 93 个城市、198 个县、6 个区、16 个镇为可再生能源建筑应用示范市（县、区、镇），2 个可再生能源建筑应用集中连片示范区，将江苏、青海、新疆等 8 个省（区）确定为太阳能光热建筑应用综合示范省。

五、大力推进市政公用行业节能减排应对气候变化

（一）优先发展城市公共交通

目前，全国共有 16 个城市建成轨道交通线路约 2 000 千米，26 个城市共 1 500 多千米轨道交通线路正在建设中，36 个城市轨道交通建设规划获国务院批复，规划总里程 5 300 千米。根据规划和开工建设情况，预计到“十二五”末，全国建成城市轨道交通线路的城市将超过 20 个，通车里程超过 3 000 千米。

（二）积极倡导绿色低碳出行

到 2012 年，已连续组织开展六届“中国城市无车日活动”，积极推动各城市广泛参与，承诺开展无车日活动的城市已经达到 152 个。2013 年将继续开展“中国城市无车日活动”，主题为“绿色交通　清新空气”，将进一步提升全民对绿色出行方式的认识和对气候变化问题的关注。已在全国 12 个城市开展步行和自行车交通系统建设示范项目。2013 年将继续推动试点示范工作。同时，组织编制城市步行、自行车规划设计导则，改善出行条件，提高环境质量。

（三）加强污水处理、垃圾处理过程中的温室气体排放控制

截至2012年底，全国城镇污水处理能力达到1.42亿立方米/日，年处理污水总量达422亿立方米，城市污水处理率达87%。为提高生活垃圾无害化处理设施建设和运营水平，2012年，对全国2008年后新建和未达标生活垃圾填埋场、部分焚烧厂开展了无害化等级评定工作，参与评定的173座填埋场和54座焚烧厂全部达到无害化处理要求，对减少温室气体排放发挥了积极作用。截至2012年底，全国无害化处理设施1 540座，其中卫生填埋场1 326座，生活垃圾无害化处理率达76%，绝大部分卫生填埋场对填埋气体进行了收集、导排和处理，有效降低了填埋气体对温室效应的影响。

六、发挥园林绿化生态功能

全面推进节约型、生态型、功能完善型园林绿化建设。截至2012年底，全国城市建成区绿地面积达164万公顷，城市建成区绿地率达35.72%，人均公园绿地面积达12.26平方米，较1992年增长近5倍，城市绿地系统分布均衡性明显提高，城市各类绿地品质大大提升，有效保护了城市山体、水体、湿地、动植物资源及历史文化资源，显著改善了人居生态环境。同时，加强对城市湿地资源的保护管理，自2004年以来，先后批准设立了45个国家城市湿地公园，分布于20多个省（自治区、直辖市）的44个城市。

七、鼓励村镇低碳绿色发展

自2009年起，住房和城乡建设部、国家发展改革委、财政部结合农

村危房改造支持“三北”地区和西藏自治区开展建筑节能示范。中央对建筑节能示范每户增加 2 000 元补助（2012 年起提高到 2 500 元），主要用于支持农户在墙体、门窗、屋面、地面等围护结构中采用节能措施。2009—2013 年，中央累计支持了 68.58 万农户结合农村危房改造开展建筑节能示范。住房和城乡建设部编制发布了《严寒和寒冷地区农村住房节能技术导则（试行）》等技术文件，加强对农房建筑节能设计、施工及管理等关键环节的技术指导和监督检查。通过实施建筑节能示范，有效提高了农房居住舒适度，降低了冬季采暖支出，推动了农房降低能耗、节约资源和减少环境污染。

为促进小城镇健康发展，住房和城乡建设部 2011 年 6 月会同财政部发布了《关于绿色重点小城镇试点示范的实施意见》，意见指出要按集约节约、功能完善、宜居宜业、特色鲜明的总体要求，通过加强政策扶持与引导，创建一批生态环境良好、基础设施完善、人居环境优良、管理机制健全、经济社会发展协调的绿色重点小城镇，切实为提高小城镇建设的质量和水平提供示范，为建立符合我国国情的小城镇建设发展模式积累经验。经过现场核查、专家评审等环节，住房和城乡建设部会同财政部、国家发展改革委确定了第一批 7 个试点示范，包括北京市密云县古北口镇、天津市静海县大邱庄镇、江苏省常熟市海虞镇、安徽省肥西县三河镇、福建省厦门市灌口镇、广东省佛山市西樵镇、重庆市巴南区木洞镇。发布了《关于印发〈绿色低碳重点小城镇建设评价指标（试行）〉的通知》，指导推进绿色低碳重点小城镇试点示范的实施。

八、国际合作进一步加强

2012 年以来，住房和城乡建设部与多个国家签署了节能、生态城市方面的合作谅解备忘录，加强应对气候变化的国际合作。与英国商务、创新和技能部签署《关于促进绿色建筑和生态城市发展合作备忘录》，与加拿大联邦政府自然资源部签署《关于生态城市建设技术的合作谅解备忘录》，与丹麦工国气候、能源和建设部签署《关于建筑节能合作谅解备忘录》。

通过中德技术合作“公共建筑（中小学校和医院）节能项目”，住房和城乡建设部、教育部与天津市联合在天津市朱唐庄中学开展了节能综合改造，大大改善了建筑热环境和教室空气质量、照明效果，提升了学校的整体环境，受到学校、老师和学生普遍赞扬，为学校节能改造提供了示范。

住房和城乡建设部与德国交通、建筑与城市发展部、德国能源署开展的被动式超低能耗绿色建筑示范工程——秦皇岛“在水 方”超低能耗建筑通过德国被动式房屋标准测试，为我国进一步发展高水平节能建筑提供了良好范例，受到国内外建筑节能领域专家和管理者的广泛关注。与加拿大自然资源部合作开展了“中国现代木结构建筑技术项目”，推广使用木结构建筑应对气候变化。

住房和城乡建设部还通过与世界银行的全球环境基金开展的“中国供热改革与建筑节能”项目，进一步推进供热改革工作，项目示范城市成为我国供热改革与建筑节能工作较为先进的城市。此外，还将启动与世界银行的全球环境基金合作开展的“中国城市建筑节能与可再生能源项目”，与欧盟合作开展的“中欧低碳生态城市合作项目”，推动城市范围的建筑节能、低碳生态城市建设与管理技术等研究与示范。

（撰稿人：住房和城乡建设部建筑节能与科技司　仝贵婵　张福麟　赵泽生）

2012 年以来中国交通运输领域应对气候变化的政策与行动

2012 年，交通运输行业深入贯彻落实科学发展观，全面贯彻落实党中央、国务院节能减排与应对气候变化工作战略部署，将交通运输节能减排与应对气候变化作为加快推进交通运输现代化、加快转变交通运输发展方式的重要抓手，统筹规划，重点推进，加强领导，明确责任，积极创新，广泛宣传，大力推进低碳交通运输体系建设，持续开展交通运输节能减排与应对气候变化试点示范活动，充分发挥各方面、各层次政策叠加优势，不断提高行业节能减排与应对气候变化监管能力和服务水平，交通运输节能减排与应对气候变化工作取得了明显成效。

据测算，2012 年，交通运输行业节能 420 万吨标准煤，减排 917 万吨二氧化碳，其中公路运输节能 284 万吨标准煤，减排 616 万吨二氧化碳；水路运输节能 128 万吨标准煤，减排 288 万吨二氧化碳；港口节能约 8 万吨标准煤，减排 13 万吨二氧化碳。与 2011 年相比，营运车辆单位运输周转量能耗下降 0.8%，营运船舶单位运输周转量能耗下降 2.3%，港口综合单耗下降 2.2%。

一、强化政府主导，全面落实应对气候变化工作部署

充分发挥政府主导作用，不断提高组织力度，持续提升管理效能，统

筹安排重点工作，坚决落实目标责任。一是先后三次召开交通运输部节能减排工作领导小组会议，研究讨论落实国务院节能减排与应对气候变化工作部署的部内分工方案、低碳交通运输体系建设城市试点等行业节能减排与应对气候变化工作重大问题。二是制定了《交通运输行业应对气候变化行动方案》，印发了《交通运输行业"十二五"控制温室气体排放工作方案》，统筹安排交通运输行业"十二五"控制温室气体排放和应对气候变化重点工作。

二、突出试点先行，深入推进低碳交通运输体系建设

深入推进低碳交通运输体系建设，加快交通运输低碳发展步伐是交通运输应对气候变化工作的重点任务。一是继续指导天津等第一批10个低碳交通运输体系建设试点城市落实试点实施方案。二是进一步选定北京、昆明、西安、宁波、广州、沈阳、哈尔滨、淮安、烟台、海口、成都、青岛、株洲、蚌埠、十堰、济源16个城市作为第二批试点城市，完成了实施方案的评审、调整和批复。三是继续深化低碳交通运输体系研究，取得了"交通运输行业碳排放统计监测及低碳政策研究"的初步成果，组织开展了低碳交通运输体系建设、低碳交通城市、低碳港口、低碳港口航道建设、低碳公路建设等评价指标体系研究。

三、完善政策措施，持续加大重点减排领域支持力度

进一步调整优化交通运输节能减排与应对气候变化重点支持领域，不

断加大政策支持力度。一是研究确定了交通运输节能减排与应对气候变化优先支持范围和领域，完善了交通运输节能减排专项资金支持项目的激励机制。二是组织开展了2012年度专项资金支持项目申请和审核工作，对两批280个项目给予“以奖代补”，资金金额为42 965万元，所形成的年节能量为15.8万吨标准煤，替代燃料26.2万吨标准油，减少二氧化碳排放69.9万吨。三是组织开展了“营运船舶和施工船舶节能技术应用”类项目节能减排量的第三方审核，认定了23家交通运输节能减排第三方审核机构。四是评审并批复实施了南昌市“低碳交通城市”区域性项目管理试点和连云港“低碳港口”主题性项目管理试点。五是提出了交通运输节能减排统计监测考核、低碳交通运输体系评价指标、交通运输行业二氧化碳排放预测及减排政策3个方面15项能力的建设项目。

四、深化千企行动，充分发挥交通运输企业主体作用

两年来，“车、船、路、港”千家企业低碳交通运输专项行动在增强企业节能减排意识，提高企业应对气候变化水平，发挥先进企业示范效应等方面发挥了重要作用。一是在营运车辆方面：继续严格实行营运车辆燃料消耗量准入制度；甩挂运输试点工作取得明显进展；联合中国海员建设工会全国委员会在全国道路客运行业共同开展了节能减排达标竞赛活动。二是在营运船舶方面：发布了《关于内河运输船舶标准船型指标体系的公告》；发布了营运船舶燃料消耗量和二氧化碳排放限值标准；继续推进以天然气为燃料的内河运输船舶试点；继续推广内河船舶免停靠报港信息服务系统、靠港船舶使用岸电技术应用。三是在公路方面：进一步推进ETC（电子不停车收费系统）联网工程，截至2012年底，全国已开通ETC省

份达 24 个，建成 ETC 专用车道 3 708 条，ETC 用户 460 万；组织开展高速公路运营节能技术应用示范工程，推进路面材料再生利用技术和可再生能源的应用。四是在港口方面：继续推进轮胎式集装箱门式起重机“油改电”技术和港口机械节能运行控制技术应用；采用信息化技术优化港口组织调度；开展原油码头油气回收试点。

五、实施政策引导，牢牢把握重点减排工作关键环节

继续加强政策引导，突出抓好交通运输节能减排与应对气候变化关键环节。一是继续严格实施营运车辆燃料消耗量限值标准。截至 2012 年底，交通运输部累计发布 21 批达标车型，发布达标车型近 2 万个。2012 年全国新进入营运市场的达标车辆共 276 万辆，节约燃油 156 万吨，减少二氧化碳排放 504 万吨。二是继续严格实施客运运力调控政策。对于年平均实载率低于 70% 的县际以上客运班线，一律不新增运力。对一类客运班线、与高速铁路和城际轨道交通平行的客运班线，原则上不审批新增运力。对于现有班线重复里程在 70% 以上的二类以上客运班线，继续严格控制新增班线和运力。三是继续加大公路甩挂运输试点工作推进力度。截至 2012 年底，全国首批实施的 26 个试点项目、40 个甩挂运输场站已经全部动工。通过试点，甩挂运输模式单位运输周转量能耗下降了 15% ～ 20%。在首批试点的基础上，联合财政部、国家发展改革委启动了第二批甩挂运输试点工作。四是继续完善交通运输能耗统计监测工作。推进普通营运货车和内河船舶能源利用状况远程监测，优化扩充了能耗监测重点企业范围，逐步将 36 个中心城市的重点公交企业纳入监测范围。五是继续推进天然气汽车在交通运输领域的应用。组织召开了城际客货运输推广天然气汽车试点

工作座谈会，在辽宁、宁夏、江苏、山东、山西5省的汽车运输集团有限公司、广东省汽车运输集团有限公司开展天然气汽车应用试点。六是加大对以天然气为动力的船舶试点工作的支持力度。积极探索LNG（液化天然气）作为动力燃料，组织开展相关课题研究和LNG燃料动力船舶试点运营。

六、鼓励技术创新，不断提升节能减排示范引领作用

鼓励交通运输节能减排与应对气候变化技术创新和应用，通过典型示范，推广应用节能减排与应对气候变化产品技术。一是发布了“隧道照明综合节能技术应用”等20个交通运输行业第五批节能减排示范项目。二是组织开展了“十二五”期第二批全国重点推广公路水路交通运输节能产品（技术）的推选工作。三是配合国家发展改革委，继续组织推进隧道半导体照明产品应用示范工程。

七、开展科技攻关，继续强化持续协调发展能力建设

继续加大对交通运输节能减排与应对气候变化研究工作的支持力度，组织开展了具有前瞻性、战略性和基础性的政策研究和技术研发。一是继续推进“公路甩挂运输关键技术与示范”等交通运输部重大科技专项，有序推进全球环境基金项目“缓解大城市拥堵、减少碳排放项目”。二是深入推进节能减排科技示范工程，组织实施了云南昆龙高速运营节能科技示范工程等节能减排示范工程。三是启动实施了“低碳环保技术在农村公路建设中的推广应用”等科技成果推广计划项目。四是组织开展了“交通运

输行业能源消耗与碳排放统计监测体系”“低碳交通城市评价指标体系”“公路运输温室气体（CO_2）排放影响、排放峰值与减排目标、路径研究”等交通运输节能减排能力建设项目。五是发布了《营运船舶 CO_2 排放限值及验证方法》等行业标准。

八、组织专题研究，积极参与国际气候变化谈判工作

组织开展交通运输应对气候变化工作相关研究，分析探讨交通运输减缓和适应气候变化的基本路径，积极参与气候变化谈判工作。一是参与国家发展改革委“中国低碳发展宏观战略研究”，组织有关单位承担“中国交通低碳发展战略研究”分课题。二是参与政府间气候变化专门委员会（IPCC）第五次评估报告的政府评审工作。三是参与国际海运温室气体减排谈判，组织开展国际海运温室气体减排市场机制等研究，提出了下一步谈判对策。

九、重视宣传交流，广泛传播交通运输低碳发展理念

组织开展了形式多样、效果明显的交通运输节能减排与应对气候变化宣传交流活动，广泛传播低碳发展理念。一是与国家发展改革委等部门联合组织开展了 2012 年全国节能宣传周活动。交通运输部机关组织了公共自行车启动仪式、低碳体验日等宣传活动。二是举办了交通运输节能减排与低碳交通运输体系建设试点工作培训班。三是举办了“2012 中国交通发展论坛”低碳交通分论坛和“2012 中国节能与低碳发展论坛”交通节能分

论坛。四是出版了《2011 中国交通运输节能减排与低碳发展报告》。

下一步，交通运输行业将全面贯彻落实党的十八大精神，以科学发展观为指导，科学谋划，攻坚克难，加快推进交通运输绿色循环低碳发展，不断提升交通运输生态文明建设成效，为国家实现节能减排与应对气候变化战略目标提供有力支撑。

（撰稿人：交通运输部政策法规司　王海峰　李树栋　高建刚　张婧嫄）

2012 年以来中国水利领域应对气候变化的政策与行动

2012 年以来，水利部在水资源的可持续利用、防洪抗旱、水土保持、农村水利水电、科技支撑及国际交流等多领域水利工作中积极践行中国水利应对气候变化的政策与行动，开展了大量的工作，现总结如下。

一、水利领域应对气候变化相关政策

2011 年初，中央从党和国家事业发展全局出发，制定出台了《中共中央国务院关于加快水利改革发展的决定》（中发［2011］1 号），准确把握我国基本国情水情，科学判断水利发展的阶段特征，全面阐述水利发展面临的形势，包括全球气候变化影响加大对水利的新要求、新挑战，对水利改革发展作出全面部署，这是指导当前和今后一个时期水利改革和发展的纲领性文件。水利部和各有关部门围绕水利改革发展目标任务，积极行动、密切配合、落实改革、强化措施，水利投入稳定增长机制初步建立，重点领域改革措施和相关优惠政策进一步落实，加快水利改革发展试点工作有序推进。

人多水少，水资源时空分布不均是我国的基本国情水情，水资源短缺、水污染严重、水生态恶化等问题十分突出，已成为制约我国经济社会可持续发展的主要瓶颈。为破除水资源瓶颈制约，促进经济发展方式转变，

2012 年国务院印发了《关于实行最严格水资源管理制度的意见》，2013 年初国务院办公厅印发了《最严格水资源管理制度考核办法》，健全了最严格水资源管理制度体系。水利部印发了《落实〈国务院关于实行最严格水资源管理制度的意见〉实施方案》和《关于贯彻落实〈实行最严格水资源管理制度考核办法〉的意见》，加快推进实行最严格水资源管理制度，确立水资源开发利用控制、用水效率控制和水功能区限制纳污"三条红线"，从制度上推动经济社会发展与水资源水环境承载能力相适应。

由水利部牵头，会同国家发展改革委等 10 部委组织编制的七大流域综合规划（修编）于 2012 年底至 2013 年 3 月全部得到国务院批复。综合规划系统分析了全球气候变化和流域下垫面条件改变对流域洪水、干旱、水资源、生态环境以及河流情势的影响，明确流域治理开发与保护的重要目标和任务，合理确定水资源开发利用、水生态环境保护、水能开发、河流岸线利用等方面的控制性指标，制定了流域防洪、水资源利用和保护、节水、灌溉、水能开发、河流生态、水土保持、航运等规划方案，是指导未来 20 年我国主要江河流域治理开发和保护的蓝图。

2012 年以来，水利部还组织制定、出台或印发了涉及水资源管理、水资源节约与保护、水生态保护、防洪抗旱、水土保持、农村水利水电建设等工作的多项条例、导则、指导意见和管理办法；组织编制或实施了涉及上述有关工作的大量规划、方案和细则等，加强水利应对气候变化多方面工作的政策指引。

二、水利领域应对气候变化相关行动及成就

（一）加强水资源管理和保护

2012 年以来，水利部积极会同国务院有关部门，加快推进最严格水资

源管理制度的实施，以水资源配置、节约和保护为重点，严格“三条红线”管理，加快节水型社会建设，推动经济社会发展与水资源水环境承载能力相协调，努力提高水资源管理适应气候变化的能力，保障水资源的可持续利用。截至目前，全国已有21个省（自治区、直辖市）发布了实行最严格水资源管理制度意见或配套文件，有30个省（自治区、直辖市）建立了实行最严格水资源管理制度行政首长负责制，有15个省区将2015年省级水资源管理控制目标分解到市级行政区，部分市已分解到县级行政区。

2012年以来，水利部推进重要江河流域水量调度，顺利完成了上一年度黄河、黑河水量调度任务，组织实施了引察济向生态应急补水；全国第一批25条主要江河流域水量分配工作有序推进，第二批28条跨省江河流域水量分配工作已全面启动。

2012年以来，推动了14个水生态系统保护与修复试点建设，完成无锡、丽水等5个试点验收工作，完成查干湖试点的中期评估，全面启动国家水资源监控能力建设项目。

（二）全力做好防洪抗旱工作

2012年及2013年上半年，我国气候异常，洪涝台风和干旱灾害频发重发，长江上游、黄河上中游、海河北系、珠江流域多条支流等发生了大洪水；共有8个热带气旋登陆我国，城市洪涝和局地山洪泥石流灾害严重；西南、西北等地发生了严重冬春连旱，黄淮和长江中下游部分地区发生了夏伏旱。

国家防总、水利部科学应对，全面安排部署防汛抗旱工作，2012年及2013年上半年国家防总启动了防汛抗旱应急响应20次；科学调度长江三峡、丹江口以及黄河龙羊峡、刘家峡、小浪底等骨干水库拦洪削峰，确保了防洪安全；组织实施了2011—2012年度引黄济津、引黄入冀应急调水及珠江枯水期水量调度工作；应对台风和洪涝等灾害，紧急组织转移群众1 083万人次；及时发布防汛抗旱信息，组织记者赶赴一线和接受中央媒体采访，积极做好防汛抗旱宣传引导工作；编制修订了松花江等多条江河的洪水、水量调度方案，推进山洪灾害防治县级非工程措施和国家防汛抗旱指挥系统二期工程建设，开展洪水影响评价和洪水风险图编制。

2012年及2013年上半年，全国累计解救洪水围困群众98.9万人，避免人员伤亡48.5万人次，累计减淹耕地6 874万亩，减少受灾人口2 582万人，避免县级以上城区受淹141座，减灾效益约923亿元。累计完成抗旱浇地面积3.41亿亩，解决了1 953万农村群众的饮水困难。

（三）水土保持

2012年以来，水利部继续加强依法监督管理，进一步加快水土流失防治步伐，有效控制新的人为水土流失。2012年，全国共完成水土流失综合防治7.9万平方千米，其中新增综合治理5.3万平方千米，实施封育保护2.6万平方千米。治理小流域3 400条，实施坡改梯400万亩，新建大中型淤地坝340多座，治理崩岗2 100多处。2012年及2013年上半年，水利部共审批水土保持方案374个，建设单位投入水土保持资金352.1亿元，涉及防治责任范围4 060.5平方千米，减少水土流失5 240万吨。

（四）农村水利水电

2012年以来，水利部继续推进重点农村水利项目建设，2012年及2013年上半年，安排中央投资166亿元对280多处大型灌区和150多处大型泵站开展了配套改造建设；安排中央投资505亿元，用于解决15 027万农村居民和学校师生的饮水安全问题；安排中央投资17亿元，开展了规模化节水灌溉示范项目和牧区节水灌溉示范项目建设，增加了节水灌溉面积，保护和改善了草原生态。2012 年，落实中央补助资金 122 亿元，启动了第四批 400 个重点县建设，全国小型农田水利重点县数量达到 1 650 个；安排专项资金 44.7 亿元，支持东北、西北、华北等重点地区集中开展高效节水灌溉专项工程建设；安排中央资金 13.38 亿元，有效支持了西部贫困山丘区“五小水利”工程建设；安排 7 亿元，推进农村河塘清淤整治试点工作。

2012 年及 2013 年上半年，农村水电工程建设稳步推进，增效扩容改造试点成效显著，水电新农村电气化县建设全面推进，小水电代燃料工程规模持续扩大，实现了全国农村水电的稳定增长，全国农村水电装机容量达到 6 600 多万千瓦，总发电量达到 3 023 亿千瓦·时，实现节约标准煤 9 300 多万吨，减排二氧化碳 2.36 亿吨。

（五）基础工作

水利部稳步开展水利应对气候变化的基础工作，开展了全国水利普查，加大科技支撑投入，积极开展国际交流合作。

2013 年，全面完成了第一次全国水利普查工作，历时 3 年，全面了解了我国江河湖泊及水土资源条件的基本状况，系统掌握了江河湖泊开发治理与保护现状，为水利应对气候变化提供了大量翔实的基础信息资料。

2012 年以来，水利部组织开展了“气候变化对我国水安全影响及适应对策研究”等 10 余项水利应对气候变化的重大课题研究，研究成果从微观到宏观，从气候变化对水循环的影响机理到气候变化下我国未来水资源情景，从区域层面的适应对策到国家层面的应对战略，以科学数据作基础为水利应对气候变化提供科技支撑。

2012 年以来，水利部组织开办或派员参加了“变化环境下水利水电前沿问题科技论坛”“政府间气候变化专门委员会（IPCC）第 35 次全会”等

10 余次国际会议，加强了国内外交流与合作，宣传了我国在水利领域应对气候变化方面开展的研究工作，扩大了我国在应对气候变化方面的影响。

（撰稿人：水利部规划计划司　吴强　石海峰　周智伟　盖永岗　王晶）

2012年以来中国农业领域应对气候变化的政策与行动

农业部高度重视农业应对气候变化工作，2012年以来积极采取措施，加快促进农业生产方式转变，减少温室气体排放，加大农业现代化建设，缓解气候变化对农业的影响。

一、适应气候变化

2012年以来，农业部不断加大农业科技研究，强化种质资源保护，完善种子储备制度，加大农业生产防灾减灾力度，保护和恢复草原，抵御气候变化对农业生产造成的负面影响，保障我国粮食安全。

（一）加强抗逆品种选育和种子储备

为应对气候变化等原因导致的种质资源衰退和近年来高温干旱洪涝等极端天气频发状况，一是加快收集珍稀濒危野生植物资源，强化农作物种质资源保护。新建农业野生植物原生境保护区（点）14处，新增原生境保护面积1万亩，抢救性收集农业野生植物资源1 257份。国家主导的农作物种质资源保护和利用制度已经建立，建成国家种质资源长期库1座、复份库1座、中期库10座、种质圃43个、原生境保护点163个，建成种质资源信息系统，长期保存种质资源42万多份，居世界第2位。二是完善农作物品种测试评价体系，强化抗逆性品种选育。在品种区域试验中增加抗旱、抗寒等抗逆性鉴定，推动选育适宜不同熟期且抗病、抗逆性好的品种，增加推广品种技术储备。三是完善救灾备荒种子储备，保障农业生产和救灾用种安全。适当增加短生育期常规稻种子，用于补种晚稻；增加玉米、大豆、马铃薯等旱粮作物种子储备，用于水改旱作业；增加了生育期短、适于毁改种的杂粮杂豆、胡麻、荞麦、马铃薯等作物种子储备，用于洪涝灾后生产恢复。

（二）强化农业生产防灾减灾

针对不确定的气候因素和农业生产的严峻形势，一是提早会商、预测、预判可能发生的灾害及其影响，制定了农业气象灾害预判及应对工作意见，提出了具体应对灾害的技术措施。二是加强监测预警，及时应急响应，启动汛期双人 24 小时值班制度，及时发布预警信息，提早做好科学防灾减灾各种准备。三是积极协调，出台了农业防灾减灾稳产增产关键技术良法补助政策，促进农业防灾减灾稳产增产关键技术的落实，实现了主动避灾和有效抗灾。四是加强指导，深入灾害发生地区，实地调查了解灾情，帮助和指导各地完善、落实抗灾技术措施，弥补灾害带来的损失。五是在关键农时季节，集中宣传各地落实中央良法补助政策和农业减灾增产技术措施的经验、典型，在防范台风、洪涝的关键时期，做到“台风来临前有预警，到来时有措施，过后有总结”。

（三）大力发展节水农业

为提高节水技术，先后启动实施了旱作节水农业示范基地项目和农田节水技术示范项目。目前已设立旱作节水农业示范基地 500 多个，核心示范区面积 1 000 多万亩。近年来，各级农业部门因地制宜，研究开发了一批适合不同地区、不同种植结构、不同气候条件的农田节水技术。目前，推广应用地膜覆盖、膜下滴灌、“小白龙”灌溉、大型喷灌、抗旱坐水种、深松深耕、测墒灌溉、集雨补灌、秸秆覆盖保墒等节水农业技术面积达到4亿多亩。力争在“十二五”期间新增节水农业技术推广面积1亿亩，灌溉水生产力和自然降水生产效率提高10%。

（四）加大草原保护与恢复

2012年，国家继续加强草原生态保护建设力度。一是中央财政草原生态保护补助奖励资金规模增加到150亿元，同比提高10.3%。补奖政策实施范围增加黑龙江、吉林、辽宁、河北、山西5省所有牧区半牧区县，覆盖了全国13个主要草原省区。截至2012年底，全国禁牧草原面积14亿亩，草畜平衡面积26亿亩，草原生态环境明显恢复。二是投入中央资金20亿元在内蒙古等10省区继续实施退牧还草工程，安排围栏建设任务440.4万公顷，其中休牧围栏341.3万公顷，划区轮牧围栏95.3万公顷，退化草地补播改良146.1万公顷。据监测，2012年工程区内草原植被平均盖度、高度和鲜草产量达到71%、20.6厘米和3 354.9千克/公顷，比非工程区分别提高11%、41%和49%。三是安排17亿元用于京津风沙源治理工程，其中草原项目投资0.69亿元，共安排草原治理任务3.64万公顷，其中围栏封育17 867公顷，基本草场建设14 590公顷，人工草地1 947公顷。据监测，2012年京津地区主要风沙源之一的内蒙古浑善达克沙地的严重沙化草地面积约为72 688.2公顷，比2000年工程实施前减少了约38%。四是中央投入资金0.44亿元用于西南岩溶地区草地治理，安排建设任务3.73万公顷。监测显示，虽然受春季旱情影响，工程区改良草地、围封草地和人工草地的盖度较非工程区仍分别提高6%、8%和10%。

二、减少农业温室气体排放

2012 年以来，农业部积极实施多项工程，推广节约型农业技术和农业废弃物资源化利用技术，减少农田土壤、畜禽养殖业温室气体排放。

（一）开展测土配方施肥

2012 年，中央财政安排补贴资金 7 亿元，支持 2 463 个项目县（场、单位）开展测土配方施肥。农业部启动实施“百县千乡万村”测土配方施肥整建制推进行动，开展农企合作推广配方肥试点工作。农业部确定 100 家全国农企合作推广配方肥企业，为 100 个整建制县生产供应配方肥；省级、县级农业部门确定的农企合作推广配方肥企业为 1 000 个示范乡、10 000 个示范村对接，生产供应配方肥。测土配方施肥示范区一般每亩减少不合理施肥量 1 ～ 2 千克（折纯）。

（二）建设农村沼气工程

2012 年，全国沼气用户达 4 241.82 万户，沼气工程 9.2 万处，年总产气量 157.62 亿立方米；农村太阳能热水器推广面积达到 6 801.8 万平方米、太阳房 2 353.04 万平方米，太阳灶 220.72 万台；推广省柴节煤炉灶炕 1.77 亿台，同时开展了秸秆沼气集中供气、秸秆气化和秸秆固化成型示范。这些技术年节能能力相当于 1 亿吨标准煤，可减排二氧化碳 2.3 亿吨。

（三）推动畜禽养殖废弃物综合利用

为减少畜禽养殖废弃物温室气体排放，2012 年，中央投入 30 亿元资金继续实施生猪、奶牛标准化规模养殖场（小区）建设项目，投资 8 亿元扶持“菜篮子”畜禽产品生产项目，重点支持规模养殖场对畜禽圈舍进行标准化改造，建设贮粪池、排粪污管网等粪污处理配套设施，不断提高畜禽养殖粪污的综合处理利用能力。

（四）加快推广保护性耕作技术

2012年，安排中央财政专项资金3 000万元，安排保护性耕作工程建设投资3亿元，在204个县（市）推广保护性耕作技术。2012年，全国新增保护性耕作面积2 458万亩，增幅近30%。全国保护性耕作技术应用面积突破1亿亩。在保护性耕作技术推广的带动下，全国免耕播种面积达到1 411.9万公顷，秸秆还田面积3 491.3万公顷，分别比上年增长12.3%和10.2%。保护性耕作项目区秸秆直接还田，可使土壤有机质每年增加0.03%～0.05%。

（五）积极推进农垦节能减排

在农垦区域因地制宜强力推进生物质能源综合利用、畜禽粪便综合利用、太阳能、风能综合利用等新技术，实施了生物质发电、生物质气化、沼气工程、固体成型燃料及生物质能源替代化石能源等区域供热等一批具有突破性带动作用的示范项目。黑龙江垦区2012年风电装机10兆瓦，年发电2.5亿度。稻壳替代燃煤供热10万平方米，稻壳发电2 000万千瓦·时，固化成型燃料5 000吨，农产品加工废弃物能源化利用量40万吨，实现能源替代9.5万吨标准煤，直接减少二氧化碳等温室气体排放25万吨。启动低碳型农垦城镇居民生活用能改革试点，积极探索“三沼”综合利用和沼气高值利用。其中，海林农场已建的三座大型沼气站年消化奶牛场粪尿3万吨，年产沼气130万立方米，年发电162万千瓦·时。

（撰稿人：农业部科技教育司　曹子祎　吕波　李维薇　刘云泽　黄绍哲　单绪南）

2012 年以来中国保障人群健康领域应对气候变化的政策与行动

一、开展应对气候变化环境与健康工作

（一）组织实施《国家环境与健康行动计划（2007—2015）》

2012 年和 2013 年重点配合环境保护部开展全国重点地区环境与健康专项调查。组织实施农村环境卫生监测，了解当前农村地区的环境卫生基本状况，为控制和消除环境中健康危害因素，进一步采取公共卫生干预措施提供依据。

（二）开展雾霾天气对人群健康影响监测

2013 年，组织在北京、天津、河北、上海、江苏、安徽、山东、河南、湖北、广东、重庆等发生雾霾天气的省市开展人群健康及疾病发生情况监测。对各类医院门急诊和住院病例情况进行统计分析，研究雾霾天气对呼吸系统疾病和心脑血管疾病的影响。通过开展监测，了解不同地区雾霾特征空气污染物对人群健康产生的不同影响，建立对人群健康影响的暴露反应关系，以提出适宜的风险评估和预警技术。

（三）开展公共场所室内 $PM_{2.5}$ 监测试点工作

2012 年，在北京、上海、沈阳等城市开展公共场所室内 $PM_{2.5}$ 监测试

点，了解人群密集的公共场所室内 $PM_{2.5}$ 污染来源及产生健康影响因素，研究室内 $PM_{2.5}$ 污染特点、与室外污染的相关性以及健康风险，为探索室内 $PM_{2.5}$ 污染防控措施、保护人群健康提供依据。

二、加强饮用水卫生安全保障

（一）实施《全国城市饮用水卫生安全保障规划（2011—2020 年）》《农村饮水安全工程“十二五”规划》

指导各地加强饮用水卫生安全保障能力建设。将饮用水卫生作为对居民健康有重要影响的公共卫生服务项目列入 “十二五”期间深化医药卫生体制改革规划，保障群众饮水安全。

（二）建立国家饮用水卫生监测网络

以控制饮用水卫生安全风险为目标，开展饮用水卫生监测。2012 年，全国共有 284 个地级市和 937 个县纳入国家饮用水卫生监测网，覆盖率分别达到 85.3% 和 46.8%。农村饮水安全工程水质监测覆盖了全国 2 005 个涉农县的近 5 万处工程。

（三）实施国家基本公共卫生服务卫生监督协管服务项目

重点加强基层，特别是广大农村地区饮用水卫生监测协管服务，面向城乡开展饮用水卫生安全巡查，全国开展饮用水卫生监督协管比例达到 80%，进一步提高饮用水卫生安全保障水平。

三、加强与应对气候变化密切相关的疾病防控工作

（一）完善传染病网络直报系统，加强传染病监测、报告及控制

设置 3 486 个国家级监测点，重点监控霍乱、流感、手足口病等与环境、气候变化密切相关的传染病。强化传染病疫情防控和处置工作。印发《手足口病聚集性和暴发疫情处置工作规范（2012 年版）》和《基孔肯雅热预防控制技术指南（2012 年版）》等技术方案，定期分析和研判疫情形势，一旦发现疫情异常上升或出现暴发疫情及疑似暴发疫情，及时采取应对措施，有效控制疫情蔓延。

（二）对与气候变化密切相关的寄生虫病积极提升监测工作水平，以有效应对气候变化带来的影响

加大气候变化对寄生虫病传播风险影响的监测评估工作力度。2012 年以来，重点开展了血吸虫病潜在流行区监测、疟疾传播和广州管圆线虫病传播预测工作，以采取有效防治措施。

（三）开展爱国卫生工作，改善城乡环境卫生

以农村改厕为重点，通过开展国家卫生城镇创建、全国城乡环境卫生整洁行动，提高城乡生活垃圾及粪便无害化处理率、生活污水集中处理率、绿化覆盖率等，改善环境卫生面貌。开展病媒生物防制工作，消除卫生死角，消除“四害”孳生地，控制病媒生物数量，预防和控制病媒生物性传染病的发生和传播。发动广大群众参与环境卫生整治，培养群众树立良好的健康意识、环境意识和文明意识，形成健康的生活方式。

四、加强应对气候变化卫生应急保障工作

根据国家防总部署，每年 5、6 月份组织对重点省份开展防汛抗旱督导检查，及时查找、发现防汛抗旱卫生应急工作中出现的问题，并提出工作整改意见和建议。在国家防总启动防汛抗旱、防台风应急响应后，第一时间要求地方各级卫生计生部门及时启动卫生应急响应措施，做好灾后医疗服务和卫生防病工作。指导和支持各受灾地区医疗救治和卫生防疫工作，确保伤病人员得到及时有效救治，确保灾区无重大传染病疫情和突发公共卫生事件发生，确保灾区医疗卫生秩序迅速恢复。

2012 年和 2013 年上半年，指导和支持甘肃岷县泥石流灾害、京津冀特大暴雨洪灾和四川等地的洪灾以及台风受灾地区的医疗卫生救援工作。2013 年 7 月，针对我国多地暴雨、洪涝及持续高温天气的情况，先后印发了《关于切实做好自然灾害卫生服务工作的紧急通知》和《关于做好高温天气医疗卫生服务工作的通知》，组织各地做好自然灾害卫生服务工作。

五、加强应对气候变化部门协作

在国家应对气候变化领导小组统一领导下，加强部门沟通与协作。与环境保护部、中国气象局建立了国家环境与健康协作机制，与国家发展改革委、环境保护部、水利部、住房和城乡建设部建立了水质信息通报制度，与气象、水利、地震等部门建立自然灾害卫生应急工作沟通机制，及时获取本年度水旱以及地震灾情预测趋势信息，有针对性地开展本年度自然灾害卫生应急工作，与农业部、质检总局建立合作机制，加强人间与动物疫情监测和信息共享，定期通报疫情和工作进展，针对重点地区开展联合调研。

六、开展卫生宣传和健康教育

组织开展“环境与健康宣传周”活动，在全国各地开展多种形式的宣传活动。加强环境与健康的社会宣传和公众教育，不断提升全社会对环境与健康工作的认知和重视，促进政府、社会团体、非政府机构、科研与学术单位、企业以及媒体等自觉履行责任和义务，积极为环境与健康工作作出贡献。同时，提高全民环境与健康意识，促进个人和整个社会良好行为的形成，营造全社会保护环境、维护健康的积极氛围，保证环境与健康政策措施的有效实施。

七、开展应对气候变化科技研究

组织开展气候变化对人类健康的影响及适应机制、气候变化人群健康风险评估预测等方面研究工作。从 2012 年起，中国疾病预防控制中心组织开展极端天气事件对人群健康的影响研究、气候变化背景下极端天气事件的人群健康风险及其经济损失预测研究等。通过基础性的研究，提升我国应对气候变化与极端天气事件的能力，提出能够提高我国人群健康水平的政策策略与适应机制。与世界卫生组织等国际组织开展合作，进行气候变化与健康影响相关研究试点工作。

（撰稿人：国家卫生计生委疾病预防控制局）

2012年以来中央企业应对气候变化的政策与行动

在党中央、国务院的正确领导下，国资委和中央企业认真学习实践科学发展观，全面贯彻落实国家“十二五”节能减排及应对气候变化综合性工作方案，强化节能减排基础管理，调整优化产业产品结构，推动绿色、循环、低碳经济发展，促进生态文明社会建设，积极履行社会责任，应对气候变化工作取得了积极进展。

一、中央企业应对气候变化工作成效明显

2012年，国资委在国有资本经营预算中安排50亿元用于支持中央企业节能减排技术创新和成果转化，中央企业累计投入505亿元资金用于实施重点节能减排工程，有效地促进了中央企业的节能减排工作。2012年，中央企业能耗总量约占全国能耗总量的27.6%，比上年下降0.5个百分点，中央企业万元产值综合能耗（可比价）比上年下降4.2%，实现节能量4 773万吨标准煤，约占全国节能量的35.1%；二氧化硫排放量比上年下降7.8%，降幅超过全国平均水平3.28个百分点；化学需氧量排放量比上年下降7.3%，降幅超过全国平均水平4.25个百分点。

2013年上半年，中央企业进一步加大节能减排力度，万元产值综合能耗（可比价）同比下降4.69%，实现节能量2 658万吨标准煤；二氧化硫

排放量同比下降 0.74%，化学需氧量排放量同比下降 9.7%。

二、实施清洁生产，促进绿色经营

中央企业按照国资委关于以绿色发展推动企业转型升级的要求，积极制定绿色发展战略与实施规划，大力推进绿色央企建设。

（一）重视源头控制

有关中央企业在开发矿产资源过程中，坚持源头把关和过程控制并重的原则，切实保护生态环境。坚持边开采、边复垦，不断提升矿山森林覆盖率。注重对尾矿库的监测和治理，对周边生态环境进行修复性保护，实现植被全覆盖。实施绿色采购，减少原辅材料带来的污染。

（二）实施清洁生产

中央企业深入贯彻落实国家绿色发展方针，持续推进节能减排与清洁生产。近几年不断加大项目投入，通过优化生产工艺和采用先进节材、节能、节水技术减少生产过程消耗，提高产品成材率和等级品率，利用“夹点技术”提高工艺过程中热能与水资源的利用效率。全面推行物流运输过程的绿色化，积极发展逆向物流。倡导绿色消费，带动下游企业和终端用户使用绿色产品，并注重副产品的回收利用。

（三）严控末端治理

中央企业严格执行污染物达标排放，努力践行全国节能减排的模范带头作用。电力、钢铁、水泥、建材等中央企业全面推行烟气脱硫、脱硝，并积极探索重金属、挥发性有机物、二噁英、$PM_{2.5}$ 等污染物的治理，电力企业大型煤场、钢铁企业料场等逐步推行筒仓和封闭皮带输运等技术改造，冶金、石油、石化等行业积极推广应用反渗透废水处理技术，提高排放废水水质，减少废水排放。截至2013年上半年，中国大唐集团公司火电机组脱硫、脱硝容量分别达到100%（不含计划关停机组）和43.54%，中国国电集团公司达到96.1%和43.9%，中国华能集团公司达到97%和49.32%，中国电力投资集团公司火电机组脱硝装置投运率达到90.6%。

（四）发展循环经济

中央企业积极创新循环经济产业模式，开展余热余压资源的回收与梯级利用，采用中水回用、雨水收集回用等手段提高水资源的重复利用率，通过再生加工等措施提高废弃物的综合利用能力，积极发展再制造产业，推广用后资材的再加工利用。建立跨行业、跨企业的循环经济示范区，实现企业之间副产资源的共享与利用。发挥“城市矿山”示范作用，努力构建“资源节约型、环境友好型”社会。

三、发展清洁能源，优化用能结构

中央企业大力发展清洁能源，努力改善一次能源结构。2012年国内天然气产量比2011年增长7.6%。截至2012年末，中央企业清洁能源装机容量比“十一五”末提高57%，清洁能源发电量增长70%，其中风电、水电、核电发电量分别增长111.2%、33.9%、31.8%。2013年上半年，中央企业继续提高清洁能源装机容量和装机比率，中国电力投资集团公司清洁能源装机比重达到31.46%，中国国电集团公司达到22.9%，而中国华电集团公司2013年上半年风电和水电发电量分别同比增长40.7%和17%，远高于火电4%的增长速度。

电网企业加强与发电企业的沟通合作，优先调度使用清洁能源，共同推动清洁能源产业发展。2012年，国家电网公司消纳清洁能源电量6 801亿千瓦·时。2013年上半年，国家电网公司上网电量中风电增长39.9%、太阳能发电增长99.2%、核电增长15.1%、水电增长7.4%、火电增长3.3%。中国南方电网有限责任公司充分发挥西电东送平台作用，积极消纳水电等可再生能源，2012年西电东送水电870亿千瓦·时，同比增长28%。2013年上半年，中国南方电网有限责任公司全网水电发电量952亿千瓦·时，同比增加225亿千瓦·时，云南送出电量194亿千瓦·时，同比增长81%。

石油、石化企业加快油气战略通道建设，克服价格严重倒挂等诸多困难，积极引进境外天然气、液化石油气等低碳清洁能源，为改善我国能源消费结构和环境质量发挥了重要作用。中国石油天然气集团公司建成投运西气东输二线，设计年输送天然气300亿立方米。2012年，中国海洋石油总公司累计从国外进口液化天然气1 079万吨。

与此同时，中央企业大力使用清洁能源，不断提高优质、低碳能源的使用比例。广大中央企业推广应用屋顶太阳能光伏发电、分布式风力发电和风光互补发电，发展地热源热泵、空气源热泵、太阳能热水器等，建筑行业探索建筑光伏一体化，通信行业推广太阳能基站，石油石化行业推广太阳能加油站，航运企业探索散货船使用液化天然气。

四、拓展绿色业务，加快结构调整

中央企业积极发展节能环保制造与服务产业，现有400多家专业从事节能减排技术服务的企业和单位，向社会提供能源审计、能效监测、清洁生产审核、合同能源管理、电力需求侧管理、碳盘查与碳审计等服务，为全社会的节能减排技术进步作出了巨大贡献。

与此同时，中央企业把淘汰落后产能作为推进节能减排、促进转型升级的重要手段，全面淘汰落后的电力生产、输送和使用环节，推广使用高效电机和高效变压器，提高用电效率。2012 年，中央企业淘汰落后水泥产能 245 万吨、落后玻璃产能 552 万重量箱、落后细纱机 2.19 万锭、落后印染设备 16 台套、有梭织机 184 台。2013 年上半年，中央企业继续做好淘汰落后产能工作，中国中材集团有限公司对银川水泥 5 号水泥磨进行停产并淘汰了青铜峡水泥 1 号生产线；中国远洋运输（集团）总公司退役 7 艘船舶，合计载重吨位 28.5 万吨；华润（集团）有限公司关停了一台无脱硫设施的落后发电机组，淘汰一台 6 吨链条锅炉，淘汰 41 台细纱机和 28 台喷气布机，淘汰落后印染产能 1 400 万米。

五、致力碳减排，积极参与碳交易

中央企业积极致力于我国应对气候变化的各项工作，在提高能效、减少能源消耗的同时，通过推广应用清洁能源减少二氧化碳排放，并探索适合于我国国情与地理环境的碳捕集与碳封存技术。中国华能集团公司较早在国内开展碳捕集示范项目，建成投运了北京热电厂和上海石洞口二厂二氧化碳捕集系统。2012 年 12 月 12 日，装机容量为 265 兆瓦的中国首座 IGCC（整体煤气化联合循环发电）电站——华能天津 IGCC 示范电站顺利投产，标志着我国洁净煤发电技术取得了重大突破，被认为是成本最低的减排技术。中国石油化工集团公司自 2007 年以来积极开展 CCUS（碳捕集、利用与封存）技术研发和工程应用，建成了国内首个燃煤电厂烟气 CCUS 全流程示范工程。目前，中国石油化工集团公司基本形成了适合我国资源特点、能够推广应用的燃煤电厂烟道气二氧化碳捕集、驱油与封存的关键性技术，具备自主进行燃煤电厂烟道气二氧化碳捕集检测、地层封闭与二氧化碳地下封存监测、地面产出物计量与环境检测的能力和必要的检测设备，正在加快建设国家环境保护 CCUS 工程技术中心和中国、加拿大联合测试中心。

2005 年以来，中央企业利用 CDM（清洁发展机制）积极参与全球碳交易，CDM 项目注册数量和 CER（核证减排量）交付量在国内占绝对优势。

在国家试点国内碳交易工作以来，中央企业率先垂范，建立温室气体统计台账和碳排放信息管理系统，完成近几年碳排放盘查，做好碳交易试点的各项准备工作，积极探索企业碳资产管理。

与此同时，中央企业积极创新碳减排模式，通过开展林业“碳汇”、建设“碳平衡”生态经济林产业示范基地等方式抵充企业碳排放，不仅实现公司零碳或低碳排放，而且可帮扶“三农”发展致富。

（撰稿人：国资委综合局　宋和乾　林高平　李达）

2012 年以来中国质检领域应对气候变化的政策与行动

2012 年以来，质检系统按照国务院相关部署和要求，认真贯彻《“十二五”控制温室气体排放工作方案》《“十二五”节能减排综合性工作方案》《万家企业节能低碳实施方案》等重要文件，扎实推进应对气候变化工作，充分发挥质检系统在标准、认证、计量、执法、进出口检验等方面的优势，为我国应对气候变化工作发挥了质检部门应有的作用，取得了一定成效。

一、认证领域

建立并实施低碳产品认证制度，引导低碳生产和消费。低碳产品认证是降低碳排放，引导低碳生产和消费的有力手段。2013 年 2 月，国家发展改革委和国家认监委联合印发《低碳产品认证管理暂行办法》，组建低碳认证技术委员会，研究制定国家低碳产品认证的产品目录、认证技术规范和认证实施规则，同时研究制定低碳产品认证实施机构和人员的资质准入条件，建立了我国的低碳产品认证制度，为低碳产品的生产、消费和政府监管提供了科学的评价与采信依据，促进低碳产业发展，同时提升了我国在国际碳排放领域的话语权。目前低碳产品认证的试点工作已在广东、重庆、湖北等省（直辖市）全面开展。首批开展低碳产品认证的领域为水泥、玻璃、铝型材等碳排放量较大的行业。同时国家发展改革委和国家认监委组织制作了公益广告和海报，在“节能周”及“低碳日”期间宣传推广低碳产品认证制度，提高公众认知度及扩大制度影响力。

加大科研力度，构建碳排放和碳减排认证认可评价技术体系。围绕关键技术需求，组织开展国家“十二五”科技支撑计划“碳排放和碳减排认证认可关键技术研究与示范项目”。项目针对碳排放和碳减排领域中的组织、产品（服务）、项目及技术 4 个层面，从认证评价、能力认可、基础工具三个角度开展认证认可技术研究，主要包括碳排放和碳减排评价机构认可、典型工业企业碳排放核查、产品碳足迹评价、建筑节能项目碳排放和碳减排评价、碳减排技术评价和典型行业碳排放评价数据库及评价工具构建。项目在 2012 年取得重大突破，初步构建了碳排放和碳减排认证认可评价技术体系。

2013 年上半年，组织开展“国际背景下我国重点行业碳排放核查及低碳产品认证认可关键技术研究与示范”项目的预研工作。深入分析国际行业减排 MRV 机制及我国有关行业碳排放核算和报告制度体系，结合我国行业碳排放核查工作需求，开展我国电力、钢铁、建材、化工、水上运输等行业的碳排放核查关键技术预研工作。

二、标准化领域

更加积极地参与国际标准化活动。在我国的持续努力下，在与加拿大联合承担国际标准化组织环境管理技术委员会温室气体管理分技术委员会（ISO/TC207/SC7）秘书处的基础上，又与其联合承担了碳捕获与碳储存技术委员会（ISO/TC265）秘书处。此外，我国还承担了国际标准化组织节能量技术委员会（ISO/TC257）的量化与核查工作组的主席和秘书处以及共性问题工作组的主席，实现了实质性参与国际标准化工作的突破，有效地扩大了我国在温室气体减排领域国际标准化工作的影响。

积极组建国内标准化技术委员会。为建立健全国内应对气候变化领域的标准化技术组织，在成立全国环境管理标准化技术委员会温室气体管理分技术委员会（SAC/TC207/SC7）的基础上，2013年3月批复筹建“全国碳排放管理标准化技术委员会”，负责我国碳排放管理领域国家标准制修订工作。

积极开展应对气候变化相关标准的前期研究。由于应对气候变化领域是标准化工作的一个新兴领域，到目前为止我国还没有正式发布与之相关的国家标准，但已经组织开展了有关标准的前期研究工作。主要包括：为支撑低碳产品认证工作，完成了玻璃、水泥、电机等多项产品的低碳产品评价标准的初稿。为配合碳交易的实施，从组织和项目层面开展了相关标准的研制工作，内容涉及钢铁、石化、水泥、化工、电力、纺织等行业。

三、计量领域

夯实计量服务气候变化的技术基础。2013年3月国务院印发《计量发展规划（2013—2020年）》（以下简称《规划》），将应对气候变化领域的计量溯源技术研究纳入计量科技基础重点研究项目；将环保领域标准物质研究纳入国家标准物质研究的重点领域。《规划》还提出加速提升温室气体、水、能源资源等重点对象量传溯源能力；加快节能减排、环境保护等重点领域国家计量基标准和社会公用计量标准建设以及构建国家能源资源计量服务体系等要求。根据地方政府的需求，质检总局批准建立了23家国家城市能源计量中心，通过能源中心建设搭建能源计量数据公共平台、能源计量检测技术服务平台、能源计量技术研究平台、能源计量检测人才培养平台，为服务低碳经济发展提供全方位的计量技术支撑。

批准成立低碳计量技术委员会。为提前做好碳计量研究工作，特批准中国计量科学研究院承担低碳计量技术委员会秘书处任务，该委员会下设低碳电力计量工作组、温室气体计量工作组、重点耗能企业能效对标工作组 3 个工作组。该委员会将研究提出温室气体排放和节能计量方面发展趋势报告，促进国内低碳计量的一致性、可溯性和可靠性，全面开展应对气候变化方面的计量技术研究。

四、执法领域

促进淘汰落后产能。保持对“地条钢”的高压态势，2012 年，联合国家发展改革委、公安部、环境保护部、住房和城乡建设部、商务部、工商总局、林业局、电监会等部门共同部署建材整治工作。严格执行《产业结构调整指导目录（2011 年本）》，淘汰落后设备、工艺和技术，提高产品质量和质量安全管理水平。严厉打击非法生产“地条钢”和用“地条钢”轧制建筑用钢材违法行为，端掉了 100 余家窝点。对违法企业和窝点按照《对“地条钢”生产企业和“窝点”断电实施办法》的要求，坚决予以断电。加强水泥行业执法检查，依据《水泥工业产业发展政策》的要求，配合有关部门对水泥工业产业政策执行情况开展执法检查，依据国家公布的淘汰落后产能企业名单和新颁布的技术标准，促进淘汰各种落后工艺技术装备进程。据统计，2012 年淘汰水泥落后产能 6 600 万吨。

开展油品执法活动。会同有关部门开展打击取缔“土炼油”活动。坚决取缔“土炼油”生产场点，从源头上遏制“土炼油”违法行为反弹，炸毁、限期拆除一批土炼油炉。查处成品油质量违法案件 1 000 余起，查获涉案假冒伪劣成品油货值金额 5 090 万元。

五、进出口检验监管领域

为履行我国为应对气候变化所做出的承诺，加强《关于消耗臭氧层物质的蒙特利尔议定书》中有关破坏臭氧层物质的管制，加强化学污染物控制，按照《危险化学品安全管理条例》（国务院令第591号）的有关要求，质检总局将四氯化碳、三氯氟甲烷（CFC-11）、二氯二氟甲烷（CFC-12）、二氯四氟乙烷（CFC-114）、一氯五氟乙烷（CFC-115）、溴三氟甲烷（哈龙-1301）、1,1,1-三氯乙烷（甲基氯仿）等物质列入我国《出入境检验检疫机构实施检验检疫的进出境商品目录》，自2012年2月1日起实施进出口法定检验。

气候变化关乎国计民生和人类发展，质检部门在国家应对气候变化工作方面承担着重要职责。“十二五”期间，质检系统将继续履职尽责，主动作为，发挥质检工作的特有优势，举全系统之力，为实现国家气候变化战略目标作出积极贡献。

（撰稿人：质检总局计量司　邓思齐　王英军）

2012年以来中国林业领域应对气候变化的政策与行动

2012年以来，按照党中央、国务院统一部署，国家林业局围绕《“十二五”控制温室气体排放工作方案》和《林业应对气候变化“十二五”行动要点》，启动REDD+行动年，扎实推进林业应对气候变化工作，取得积极进展。

一、加强组织领导，强化宏观指导

2012年3月和2013年5月，国家发展改革委副主任解振华两次应邀到国家林业局调研指导林业碳汇工作，并就建设生态文明、应对气候变化作专题辅导报告。根据德班、多哈气候谈判大会后新形势和谈判组提出的建议，国家林业局及时组织召开了应对气候变化工作领导小组第七次、第八次会议，研究制定并印发了《落实德班气候大会决定加强林业应对气候变化相关工作分工方案》《2012年林业应对气候变化重点工作分工方案》及《2013年林业应对气候变化重点工作分工方案》，进一步明确了当前及今后一个时期林业应对气候变化重点任务和工作分工。

二、推进造林绿化，增加森林碳汇

围绕实现“森林面积净增4 000万公顷”的目标，稳步推进造林绿化工作。启动实施三北五期工程规划，发布执行长江、珠江流域防护林体系和平原绿化、太行山绿化工程三期规划。国务院批准京津风沙源治理二期工程规划，建设范围扩大到6省（自治区、直辖市）138个县。石漠化综合治理重点县由200个扩大到300个。国务院批准了《全国防沙治沙规划（2011—2020年）》。社会造林和部门绿化、城乡绿化深入推进。开展了“国际森林日”植树纪念、共和国部长义务植树、保护母亲河等活动。发布了《2012年中国国土绿化状况公报》。2012年至2013年上半年，全国完成造林面积1 025万公顷、义务植树49.6亿株，森林面积进一步扩大，森林碳汇能力进一步增强。

三、加强森林经营，提升碳汇能力

围绕实现“森林蓄积量净增13亿立方米”的目标，积极加强森林经营。组织召开了全国森林抚育经营现场会，推动中央财政森林抚育补贴试点转向覆盖全国。印发了森林抚育检查验收办法和作业设计规定，开展了森林抚育补贴检查验收。制（修）订完成5项全国和区域性森林抚育技术规程。启动全国森林经营中长期规划编制。确定并推进首批15个全国森林经营样板基地建设。大力推进森林资源可持续经营管理试验示范。召开了中美森林健康10周年纪念暨研讨会。积极开展《国际森林文书》履约示范单位建设，得到联合国森林论坛和粮农组织高度评价。2012年至2013年上半年，全国完成森林抚育经营面积1 068万公顷，森林质量进一步提高，森林碳汇能力进一步增强。

四、强化资源保护，减少林业排放

（一）加强森林资源保护

基本完成省、县两级林地保护利用规划编制工作，全面完成全国林地“一张图”建设，扩大了林地年度动态监测试点范围，积极推进第八次全国森林资源清查工作，制定并印发了《进一步加强森林资源保护管理的通知》，强化了林地保护管理、林木采伐管理和监督执法。

（二）加强湿地资源管理

国务院批准了《全国湿地保护工程“十二五”实施规划》，出台了《湿地保护管理规定》，完成第二次全国湿地资源调查，提出了湿地生态系统健康、价值和功能评价指标体系。2012 年恢复湿地 30 万亩，新增湿地保护面积 135 万亩和 85 处国家湿地公园试点，确认了 11 处国家重要湿地。

（三）加强野生动植物保护及自然保护区建设

2012 年至 2013 年上半年，新增林业国家级自然保护区 38 处，自然保护区总数达 2 149 处。开展了第二次全国野生动物和植物资源调查及第四次大熊猫调查，强化了野生动物疫源疫病监测防控体系建设。

（四）加强林业有害生物防控

开展地方政府防控责任制和“绿盾 2012”林业植物检疫执法检查专项行动，印发了《主要林业有害生物成灾标准》，强化检疫审批及其监督管理，松材线虫、美国白蛾等主要有害生物危害得到控制。2012 年，全国林业有害生物防治面积达 1.17 亿亩，无公害防治率达 87%。2013 年上半年，全国林业有害生物发生面积 6 588 万亩，同比减少 8%。

（五）加强森林火灾防控

国务院专门召开全国电视电话会议部署森林防火工作，颁布了《国家森林火灾应急预案》，国家森防指成员单位牵头进行森林防火检查，正式施行《森林火险预警与响应工作暂行规定》，森林航空消防覆盖到16个省（区、市）的265万平方千米。2012年全国发生森林火灾、受害面积和伤亡人员同比分别下降28.5%、48.8%和76.9%。2013年上半年森林火灾受害面积13.05万亩。通过加大林业资源管理，增强了森林、湿地生态系统的稳定性、抗逆性和综合服务功能，最大限度地减少了林业排放。

五、加快推进林业碳汇计量监测体系建设，测准算清林业碳汇

研究提出了2012年体系建设的工作思路和实施方案，召开了启动会和交流会。加强体系建设督查，指导试点单位组织500多人次开展碳汇外业专项调查，并依托国家碳汇计量监测中心和分中心力量，对外业调查和内业测定进行检查。强化林业碳汇计量监测技术培训，培训1 000多人次。按照全国6个气候区，在72个森林类型中建立了3 125个样地，获取了10万多条基础数据，收集整理了1 215篇研究文献。初步建成全国森林碳汇计量监测基础数据库和参数模型库，初步测算了2010年、2011年、2012年度碳汇数据。2013年，体系建设已覆盖全国。

六、制定森林增长年度考核办法，开展考核评价

在研究制定《森林增长指标年度考核评价实施方案》的基础上，从工作和技术层面进行细化，分别形成了《森林增长指标年度考核评价实施办

法》和《森林增长指标年度考核评价操作细则》。按照方法、细则，以各省历次森林资源清查结果为基础，结合各类林业统计数据，完成了各省森林面积和蓄积变化的测算。组织完成森林增长指标“十二五”中期监测评估，配合国家发展改革委开展了2012年控制温室气体排放任务完成情况试考核评价工作。

七、编制技术规范，强化制度建设

组织修订了《国家林业局林业碳汇计量监测管理办法》，推进林业碳汇计量监测项目资格单位动态规范管理。组织编制完成《碳汇造林项目方法学》《竹子造林碳汇项目方法学》《森林经营碳汇项目方法学》。《碳汇造林技术规定》等已列入2012年林业行标制（修）订计划。积极推进建立全国林业碳汇标准化技术委员会。

八、参与政策制定，支撑全局工作

一是组织审定《中国气候变化第二次国家信息通报》相关林业碳汇数据，根据第二次信息通报相同口径和方法，对第一次信息通报相关林业碳汇数据进行科学研究、重新测算，测算结果报送国家发展改革委。二是配合碳排放权交易试点，指导7省市林业部门参与试点方案编制和制度设计等，积极开展本地区林业碳汇本底测算，推进碳汇相关交易规则研究，加强碳汇交易储备项目建设。三是参与国家应对气候变化规划和国家适应气候变化总体战略编制，以及国家应对气候变化立法讨论。四是争取清洁发展机制赠款项目对林业的支持，促成中国林科院和国家林业局规划院申报的2个林业项目获得批准。五是参与IPCC相关工作，配合完成IPCC第五次相关评估报告涉林部门评审，推荐并指导林业专家全过程参与《2013年京都议定书中经修订的补充方法和良好做法指南》和《2006 年 IPCC 国家温室气体清单指南 2013 年增补：湿地》编写，维护国家利益。

九、加强科学研究，强化科技支撑

（一）加强基础理论和应用技术研究

开展了我国东北、西南、东部林区气候变化事实分析和未来变化预估，完成我国森林缓解气候变化影响的实证研究，开展了典型生态系统固碳潜力和固碳过程研究，启动了典型湖沼湿地生态系统服务功能评价研究。

（二）加强对策研究

中国森林应对气候变化的影响与林业适应对策研究取得新进展，中国碳汇潜力与林业发展战略、林业碳汇产权、$REDD^+$ 国家战略等相关研究取得阶段性成果。

（三）加强生态定位观测研究

2012 年，新建生态站 13 个，已建生态站总数达 113 个，其中，森林站 75 个，湿地站 21 个，荒漠站 17 个，长期定位观测与评估的开展，为推进林业应对气候变化工作提供了有力支撑。

十、加强机关节能，做好培训宣传

一是组织制定《国家林业局公共机构节能工作实施意见》，加强机关用油、用电、用水、用气管理，推进办公自动化和无纸化办公，努力创建节约型机关。组织开展节能宣传周和绿色出行日主题实践活动，提倡节约资源能源，倡导低碳绿色出行。二是将林业应对气候变化纳入了国家林业局机关公务员，以及地方党政、林业领导干部和林业专业技术骨干培训的重要内容。在中国林业教育培训网搭建了林业应对气候变化相关课程在线学习平台，编写出版了中学生校本课程教材《林业碳汇与气候变化》并进入课堂。三是制作播出了《森林之歌》《大地寻梦》《森林中国》等系列电视片，在央视、中国林业网等各类新闻媒体宣传林业应对气候变化的特殊作用，及时发布林业应对气候变化相关政策信息、知识和工作动态。四是组织举办第九届中国城市森林论坛，开展关注森林活动，传播和研讨林业应对气候变化新理念、新思路和新举措。五是成立了中国绿色碳汇基金会志愿者联盟和绿色传播中心。

十一、积极履约谈判，加强国际交流

一是按照中国代表团对气候谈判的总体要求，建设性参与林业议题谈判，使得“共同但有区别的责任原则和公平原则”在谈判案文中得以落实，推进 LULUCF 和 $REDD^{+}$ 两个议题谈判取得新进展。二是积极参与涉林国际公约履约战略研究，完成林业应对气候变化履约战略研究初稿。参与“里约 +20”大会，组织编制完成《蒙特利尔进程国家报告》。三是组织气候变化框架下毁林与土地退化监测和评估南南合作研讨培训、第三届全球绿色经济财富论坛。四是中国绿色碳汇基金会被接纳为《联合国气候变化框架公约》缔约方会议观察员组织，并在多哈气候谈判期间组织举办了两个边会。五是加强中美、中英、中芬、中瑞及与世界自然基金会、大自然保护协会、保护国际、德国国际合作机构在林业应对气候变化相关领域技术交流。

（撰稿人：林业局造林绿化管理司　王祝雄　吴秀丽　章升东　张国斌　张峰）

2012年以来中国公共机构节约能源资源领域应对气候变化的政策与行动

2012年以来，各地区、各部门按照党中央和国务院的部署和要求，认真贯彻实施《中华人民共和国节约能源法》《公共机构节能条例》和《公共机构节能“十二五”规划》，扎实推进公共机构节约能源资源和应对气候变化工作，取得了明显成效。与2011年相比，2012年全国公共机构人均综合能耗下降4.37%，单位建筑面积能耗下降3.52%，人均水耗下降5.01%，减少二氧化碳排放1 323万多吨。

一、加强制度建设和课题研究

国管局会同中直管理局制定了《中央和国家机关及所属公共机构节约能源资源考核办法》，建立健全中央和国家机关及所属公共机构节能考核制度。国家标准化管理委员会颁布了由国管局提出并组织编制的《公共机构能源资源计量器具配备和管理要求》，明确了能源计量基础的规范性标准。国管局组织编制了《公共机构能源管理体系实施指引》，促进各级公共机构规范节能管理工作，提高能源管理水平。财政部、国家发展改革委、环境保护部等部门发布了3期节能产品政府采购清单（第十二期—第十四期）和3期环境标志产品政府采购清单（第十期—第十二期），强化了政府采购对节能环保产品的支持。各地区积极推进本地区法规制度建设，多地结合实际出台了合理用能指南、合同能源管理办法等制度标准。

科技部将《公共机构节能关键技术研究及示范》列入国家科技支撑计划项目，国管局启动并实施该项目，组织相关院校、科研机构和企业开展公共机构节能技术研究，提升公共机构节能科技化水平。国管局组织完成了公共机构新能源和可再生能源应用、中央国家机关建筑节能共性问题、公共机构节能管理信息系统建设等课题研究。

二、加强监督考核和计量统计

按照《中央和国家机关及所属公共机构节约能源资源考核办法》要求，中央国家机关94个部门和单位按照要求对本部门2012年度节能工作进行了自评，国管局选取了30个有代表性的部门进行了现场核查。各地区分别组织了本地区公共机构2011年节能工作的自查和考核，部分地区对考核结果进行了通报。

国管局对《公共机构能源资源消耗统计制度》进行了修订，经国家统计局批准后，印发了《公共机构能源资源消费统计制度》，进一步规范公共机构能源资源消费统计工作。组织各地开展各级各类公共机构基本数据调查，启动公共机构名录库建设。组织完成了2011年和2012年全国公共机构能源资源消耗情况汇总分析，纳入直接统计范围的公共机构扩大到69万家。

三、全面开展节约型公共机构示范单位和节约型办公区创建工作

根据《“十二五”节能减排综合性工作方案》要求，国管局会同国家发展改革委、财政部启动了节约型公共机构示范单位创建工作。印发《节约型

公共机构示范单位创建工作方案》和《节约型公共机构示范单位评价标准》，组织各地区、各部门开展初选和申报工作，确定了第一批937家创建单位名单。各部门和各地区以节能、节水、资源综合利用和绿色消费为重点组织开展本部门和本地区示范单位创建工作，努力创建一批管理科学精细、资源利用高效、崇尚勤俭节约、践行绿色低碳的节约型公共机构示范单位。

国管局继续组织中央国家机关节约型办公区建设工作。组织编制了《中央国家机关节约型办公区评价导则》。组织国家发展改革委、科技部等5个部门开展中央国家机关节约型办公区建设试点工作。完成外交部等16个部门节约型办公区建设方案编制工作，组织开展教育部等10个部门的节能诊断工作。

四、稳步实施节能改造，积极推广新技术、新能源

国务院办公厅转发了由国家发展改革委、住房和城乡建设部制定的绿色建筑行动方案，按照部门分工，国管局积极推动公共机构办公建筑节能改造和公共机构建筑节能管理等工作。国管局组织实施了中央国家机关66万平方米办公建筑供热计量节能改造试点，完成了安全部、文化部、体育总局锅炉节能改造。完成9个中央国家机关信息机房热管空调节能改造试点，空调系统平均节电率超过25%。在中央国家机关19个部门改造水泵142台、变频器40台，平均节电率约30%。

在推广新技术、新能源方面，国管局发布了《公共机构节能节水技术产品参考目录（2013年度）》，指导各级公共机构推广应用先进、适用的节能节水技术和产品。组织中央国家机关及所属公共机构积极推广应用高效照明产品，2012年度累计推广高效照明产品451万只。组织实施中央国家机关屋顶光伏发电示范项目，2012年以来，共完成单体项目33个，装

机容量达6.05兆瓦。会同有关部门在中央国家机关开展了新能源电动公务用车试点示范工作，为11个试点部门建设了充电设施，配备自主品牌的新能源电动汽车23辆。

各地区积极筹措资金，加大投入，稳步推进公共机构空调、采暖、照明等重点耗能系统和建筑围护结构的节能改造。各级公共机构积极应用太阳能光伏发电、太阳能热水、地源热泵等新能源技术。

五、推动废旧商品回收和节水工作

国管局印发《关于建立中央国家机关废旧物品回收体系的通知》，会同商务部印发《关于加强公共机构废旧商品回收利用工作的通知》，推动中央国家机关和全国公共机构开展资源回收利用工作。目前，中央国家机关回收处理网络已经基本建立，2012年，总计回收废纸近20吨，废弃电器电子产品近3万台，灯管近8万支。各地区积极配合商务部门开展本地区公共机构废旧商品回收利用宣传活动。河北、辽宁、吉林、安徽、江西、山东、湖北、重庆等省市启动了省级机关废旧物品回收体系建设工作。北京市安装了一批废弃塑料瓶自动回收机等回收装置，全市公共机构垃圾分类处理率达到60%以上。

国管局启动了中央国家机关餐厨垃圾就地资源化处理工作，完成了前期调研和项目建议书编制。北京市在全国率先启动了高校餐厨垃圾就地资源化处理工程，有效消除了高校内餐厨垃圾外运问题。

国管局向各地区印发了《关于加强公共机构节水工作的通知》，要求各地加强用水日常管理，积极推广应用节水技术和器具，大力开展节水型单位建设。具备条件的中央国家机关本级全部创建成为北京市节水型单位，人力资源和社会保障部、体育总局组织所属在京单位开展节水型单位创建工作。国管局在中央国家机关安装节水型洗菜机 1 200 余台、空调及采暖系统循环水复式过滤设备 290 余台，节水效果明显。

六、开展宣传培训，倡导绿色低碳

2012 年和 2013 年，国管局先后组织开展了以“珍惜生命之源，人人节水护水”和“践行节能低碳，建设美丽家园”为主题的全国公共机构节能宣传周系列活动。中央政府部门和各地区组织开展了节能低碳主题巡展、节能新产品新技术推介会、“低碳日”能源紧缺体验、节约粮食主题活动和生态文明建设主题报告会等多种形式的宣传活动。《人民日报》、新华社、中央电视台等多家中央媒体对宣传周系列活动及节约型公共机构示范单位创建工作进行了广泛深入的报道。升级改版公共机构节能网站，更新了相关内容，及时采集和报道中央国家机关和各地公共机构节能工作动态，利用网络搭建了与各地区公共机构信息交流的平台。

国管局组织有关机构编写了《公共机构节能政策与法规》《公共机构能源管理》《公共机构节能技术》《公共机构节能节水实践案例》《公共机构节能工作手册》等培训教材。举办了 2 期全国公共机构节能管理干部培训班，联合教育部举办 1 期高校节能干部培训班，按区域举办了 2 期公共机构节能管理干部培训班，累计培训 600 余人。委托清华大学组织开展公共机构节能远程培训，各省区市和中央国家机关所属公共机构 9 500 多人参加了为期半年的首期培训。

中央国家机关各部门和各省区市各级公共机构组织开展了形式多样、内容丰富的日常宣传活动，结合实际需要举办了多种形式的公共机构节能培训，提高了各级公共机构节能管理人员的管理和技术水平。

（撰稿人：国管局公共机构节能管理司　王琪　吴越）

2012 年以来中国气象领域应对气候变化的政策与行动

中国气象局是国家应对气候变化的基础性科技部门，2012 年以来，中国气象局认真贯彻落实党的十八大会议精神，统筹全局，突出重点，继续加强适应气候变化特别是应对极端天气气候事件能力建设，推动气候资源的合理开发和科学利用，不断提升部门应对气候变化支撑保障能力。

一、强化适应气候变化特别是应对极端事件能力建设

（一）加强极端事件监测预警

加强应对极端事件的基础能力建设，成立亚洲极端天气气候事件监测评估中心，开发亚洲极端天气气候事件监测与评估系统，建立用于监测和识别极端事件高时空分辨率的资料库。建立极端天气气候事件监测业务系统，发布气候服务信息。组织上海、北京、广州 3 个市气象局开展精细化城市暴雨预报预警、城市暴雨积涝风险和积涝预报业务，建立实时监测预警预报服务业务平台及业务流程，提高城市应对气候变化能力。进一步完善气象灾害预警服务联动机制，加强与各相关部门在防灾减灾领域的部门合作，组织召开两次气象灾害预警服务部际联络员会议。

（二）扎实推进气象灾害风险管理

着力抓好暴雨诱发中小河流洪水和山洪地质灾害气象风险预警服务业务和暴雨洪涝灾害风险普查工作，完成 1 020 条中小河流、2 175 条山洪沟、1 363 个泥石流点和 2 960 个滑坡点的风险普查，确定 41 947 个致灾临界雨量指标。全国 870 个县出台了县级气象灾害防御规划，完成县级精细化农业气候区划和农业气象灾害的风险区划 1 408 项。全国省、市、县三级气象部门开展气象风险预警服务 39 476 次，气象风险预警服务业务在实时气象灾害防御中的作用逐步显现。编写《中国极端气候事件和气象灾害风险管理国家评估报告》，发布《暴雨诱发中小河流洪水和山洪地质灾害气象风险预警服务业务规范（试行）》等技术规范，为气象灾害风险管理提供技术支撑。

（三）全方位开展气候变化评估

首次完成华东、华南、华北、东北、华中、西南、西北和新疆 8 个区域气候变化评估工作，出版发布 8 个区域的气候变化评估报告决策者摘要和执行摘要，为地方政府应对气候变化工作提供有力的科技支撑。开展黄河、珠江、辽河流域的气候变化评估，完成三峡工程气候效应评估阶段性报告。开展气候变化对西北半干旱区马铃薯、三峡库区烤烟、浙江茶叶等特色产业的气候变化影响评估，提出了适应气候变化的产业布局建议。开展长三角典型城市群、北京市排水基础设施适应气候变化评估，为城市生命线系统适应气候变化提供技术支持。

（四）不断提升气候系统观测能力

《我国气象卫星及其应用发展规划（2011—2020 年）》获国务院批准，

完成了风云二号F星发射、在轨测试及卫星交付，形成“多星在轨，互为备份，统筹运行，适时加密”业务运行模式，实现了6分钟一次的高频次观测。加强地面观测站网建设，完成了437个国家级台站新型自动站建设，新增323个全球定位系统气象观测（GPS/MET）站的资料获取。开展海洋气象观测能力建设，加强山洪、泥石流、滑坡等地质灾害易发区和中小河流防治区的观测能力建设，联合交通部推进交通气象观测设施建设。新建18个气溶胶质量浓度观测系统，$PM_{2.5}$气溶胶质量浓度观测覆盖全国所有省会和副省级城市，雾霾观测能力显著提升。

（五）加强气候变化基础科技工作

组织实施“气溶胶—云—辐射反馈过程及其与亚洲季风相互作用”“全球变化影响下我国主要陆地生态系统的脆弱性与适应性研究”“高分辨率气候系统模式的研制与评估”“全球气候变化对气候灾害的影响及区域适应”“天文与地球运动因子对气候变化影响”“气候变化应对决策支撑系统工程”等一批国家重大科技项目，提升了气候变化科技水平。发布《中国气候变化监测公报2011》《中国温室气体公报（2012）》和中国气候变化预估数据集3.0版。更新《气候变化工作技术手册》，开展气象灾害风险评估技术指南编制。利用中等分辨率气候系统模式BCC-CSM1.1-M完成了第五次国际耦合模式比较计划（CMIP5）的核心试验。

二、大力加强气候资源开发利用工作

（一）稳步推进可再生能源气象服务保障

与国家能源局联合印发《关于做好风能资源详查和评价资料共享使用的通知》。推进风能资源详查成果的共享和应用，为区域风电规划、风电场选址等提供了200余项专业技术服务。改进、完善风电功率预报和太阳能光伏发电预报系统，初步建立风能数值预报服务平台，为200多个风电场提供了风场数值预报服务，为20多个风电场、10个太阳能电站提供了功率预报服务，组织编制完成区域太阳能详查技术指南初稿。

（二）积极开展气候可行性论证

完善气候可行性论证技术体系，组织编制风电场选址评估等5项气候可行性论证技术指南，印发城市暴雨公式编制气候可行性论证技术指南，涵盖电力、城市规划、气候资源开发、交通运输等主要气候应用服务领域，论证技术体系逐步完善。黑龙江省和贵州省发布了气候资源开发利用和保护条例，为气候资源开发利用和气候可行性论证提供了法律依据。推动与住建部签署合作协议，加强城市暴雨公式修订和城市暴雨预报预警与应急联动工作。

（三）不断加强人工影响天气工作

组织召开第三次全国人工影响天气工作会议，启动《全国人工影响天气发展规划（2013—2020年）》编制。开展东北区域人工影响天气作业示范区和青海湖流域人工增雨工程建设。批准成立国家级人工影响天气中心和东北区域人工影响天气中心。建立东北、西北、华北、中部、西南、东南6大跨区联合作业机制。在2012年我国北方冬麦区及西南旱区以及2013年南方高温旱区开展人工增雨抗旱作业，效果显著。在青海湖、青海三江源、甘肃石羊河等地区加大人工影响天气作业，增加湖泊周边、流域来水地区的降水量。

三、不断提高应对气候变化支撑保障水平

（一）有力支撑国家气候变化专家委员会工作

重点围绕我国应对气候变化内政外交需求，支持专家委员会开展与国际智库交流，支持专家委员会开展专题研讨。围绕我国温室气体排放峰值目标以及德班后气候变化谈判国际形势及应对策略开展研究，针对气候变化国际形势与对策、排放峰值问题、气候变化立法、低碳城镇化、低碳交通及低碳建筑等形成了一系列决策咨询报告。组织召开了“气候变化科学认识及其应对”的第435次香山科学会议。有关工作为提高气候变化决策的科学性作出了积极贡献。

（二）牵头开展IPCC第五次评估报告工作

加强国内工作的组织和协调，重建部门联络员工作机制。联合国家发展改革委、外交部发布《关于加强出国参加气候变化国际谈判及相关会议保障支持的通知》。积极参与IPCC管理制度和评估流程的改革。完成IPCC年度执行委员会、主席团会议、全会中国代表团参会任务。组织完成IPCC第五次评估报告第一、二、三工作组报告、综合报告的中国政府（专家）评审。16位中国专家新入选IPCC AR5报告作者队伍。成功举办IPCC“管理极端事件和灾害风险推进气候变化适应”北京区域宣讲会议。

（三）积极参与国家和地方应对气候变化工作

积极参与国家气候变化工作领导小组及其协调联络办公室工作，在国家系列行动部署中发挥重要作用。组织参与国家适应气候变化总体战略的编写，与科技部等部门联合签发“十二五”国家应对气候变化科技发展专项规划。与科技部、中国科学院、中国工程院联合启动第三次气候变化国

家评估报告编写。与社科院一起发布气候变化绿皮书《应对气候变化报告2012——气候融资与低碳发展》。各省气象局积极参与地方应对气候变化工作，11个省（市）局参加地方应对气候变化政策法规的制定以及应对气候变化方案实施。成立上海市气候变化研究中心，召开第一届城市与气候变化国际学术论坛。湖北、山西等省局建立了温室气体在线监测网络。各省（区、市）气象局共向地方政府报送决策服务材料96份，32份获批示，在地方应对气候变化工作中发挥重要作用。

四、 广泛开展气候变化教育培训与科普宣传

面向发展中国家人员开展气候变化与极端天气气候事件的关系、多灾种早期预警和气候服务系统技术培训，提高发展中国家应对气候变化能力建设。组织完成多语种《应对气候变化——中国在行动2012》电视外宣片及画册。完成《环球同此凉热》大型纪录片的制作。举办“第九届气候系统与气候变化国际讲习班”。利用“全国科技周”“3·23气象日”多渠道、多层面开展应对气候变化科普宣传，组织开展“2012年气象防灾减灾宣传志愿者中国行”和“应对气候变化中国行”走进广东和广西的行动，提高应对气候变化公众意识。

（撰稿人：气象局科技与气候变化司　罗云峰　高云　何勇　任颖）

2012年以来中国能源领域应对气候变化的政策与行动

一、能源领域应对气候变化的政策

（一）制定和颁布有利于促进能源清洁低碳发展的规划和政策

2012年3月27日，科技部组织编制了《洁净煤技术科技发展“十二五”专项规划》（国科发计［2012］196号）、《风力发电科技发展“十二五”专项规划》（国科发计［2012］197号）、《太阳能发电科技发展“十二五”专项规划》（国科发计［2012］198号），明确了洁净煤技术、风力发电以及太阳能发电科技发展的指导思想、基本原则、规划目标、重点方向、重点任务以及保障措施。

2012年7月7日，国家能源局印发《太阳能发电发展“十二五”规划》（国能新能［2012］194号），阐述了太阳能发电发展的指导思想和基本原则，明确了太阳能发电的发展目标、开发利用布局和建设重点。根据该规划，到2015年底，太阳能发电装机容量达到2 100万千瓦以上，年发电量达到250亿千瓦·时。

2012年7月24日，国家能源局印发《生物质能发展“十二五”规划》（国能新能［2012］216号），分析了国内外生物质能发展现状和趋势，阐述了“十二五”时期我国生物质能发展的指导思想、基本原则、发展目标、规划布局和建设重点，提出了保障措施和实施机制。根据该规划，到2015

年，生物质能年利用量超过 5 000 万吨标准煤。其中，生物质发电装机容量 1 300 万千瓦、年发电量约 780 亿千瓦·时，生物质年供气 220 亿立方米，生物质成型燃料 1 000 万吨，生物液体燃料 500 万吨。

2013 年 1 月 1 日，国务院印发《能源发展“十二五”规划》（国发［2013］2 号）。该规划根据《国民经济和社会发展“十二五”规划纲要》要求，提出了我国能源发展的指导思想、基本原则、重点任务和政策措施，从能源消费总量与效率、能源生产与供应能力、能源结构优化、国家能源基地建设、生态环境保护、城乡居民用能、能源体制机制改革等方面提出了 2015 年能源发展的主要目标。《能源发展“十二五”规划》与应对气候变化相关的目标见表 1。

表 1　能源领域应对气候变化相关目标

指标类别	指标名称	2010 年	2015 年	2015 年比 2010 年	指标性质
能源消费	全国万元国内生产总值能源消耗（吨标准煤）	0.81	0.68	下降 16%	约束性
	非化石能源占一次能源消费比重 /%	8.6	11.4	提高 2.8 个百分点	约束性
	一次能源消费总量 / 亿吨标准煤	32.5	40	年均增长 4.3%	预期性
	全社会用电量 / 万亿千瓦·时	4.2	6.15	年均增长 8.0%	预期性
能源生产与供应	国内一次能源生产能力 / 亿吨标准煤	29.7	36.6	年均增长 4.3 %	预期性
	煤炭生产能力 / 亿吨	32.4	41	年均增长 4.8%	预期性
	原油生产能力 / 亿吨	2	2	0	预期性
	天然气生产能力 / 亿立方米	948	1 565	年均增长 10.5%	预期性
	非化石能源生产能力 / 亿吨标准煤	2.8	4.7	年均增长 10.9%	预期性

指标类别	指标名称	2010 年	2015 年	2015 年比 2010 年	指标性质
电力发展	电力装机容量 / 亿千瓦	9.7	14.9	年均增长 9.0%	预期性
	其中：煤电 / 亿千瓦	6.6	9.6	年均增长 7.8%	预期性
	水电 / 亿千瓦	2.2	2.9	年均增长 5.7%	预期性
	核电 / 万千瓦	1 082	4 000	年均增长 29.9%	预期性
	天然气发电 / 万千瓦	2 642	5 600	年均增长 16.2%	预期性
	风电 / 万千瓦	3 100	10 000	年均增长 26.4%	预期性
	太阳能发电 / 万千瓦	86	2 100	年均增长 89.5%	预期性
应对气候变化	单位国内生产总值二氧化碳排放	降低 17%			约束性
能源资源节约	火电供电煤耗 /（克标准煤 / 千瓦・时）	333	323	年均下降 0.6%	预期性
	电网综合线损率 /%	6.53	6.3	下降 0.23 个百分点	预期性

注：来源于《能源发展“十二五”规划》。

2013 年 7 月 18 日，国家发展改革委印发《分布式发电管理暂行办法》（发改能源［2013］1381 号），对分布式能源发电的资源评价和综合规划、项目建设和管理、电网接入、运行管理、政策保障及措施等方面做出了具体规定，将极大推动分布式发电应用、促进节能减排和可再生能源发展。该办法豁免了分布式发电项目发电业务许可，鼓励企业、专业化能源服务公司和包括个人在内的各类电力用户投资建设并经营分布式发电项目。该办法规定，分布式发电以自发自用为主，多余电量上网，电网调剂余缺。采用双向计量电量结算或净电量结算的方式，并可考虑峰谷电价因素；结算周期在合同中商定，原则上按月结算；电网企业应保证分布式发电多余电量的优先上网和全额收购。根据有关法律法规及政策规定，对符合条件的分布式发电给予建设资金补贴或单位发电量补贴。

（二）完善应对气候变化机制和标准政策

1. 加强应对气候变化统计

2013 年 5 月 20 日，国家发展改革委、国家统计局联合印发《关于加强应对气候变化统计工作意见的通知》（发改办气候［2013］937 号），提出建立涵盖气候变化及影响、适应气候变化、控制温室气体排放、应对气候变化的资金投入以及应对气候变化相关管理 5 大类、19 小类、36 项指标的应对气候变化统计指标体系，完善能源、工业、农业、土地利用变化和林业以及废弃物处理等相关统计与调查，建立健全温室气体排放统计与核算体系、应对气候变化统计数据发布制度以及温室气体排放基础统计数据使用管理制度等应对气候变化统计管理制度，对加强国家应对气候变化工作起到重要作用。

2. 开展碳排放权交易试点

根据国家发展改革委办公厅《关于开展碳排放权交易试点工作的通知》（发改办气候［2011］2601 号），北京、天津、上海、重庆、湖北、广东、深圳 7 个省市碳排放权交易试点工作有序推进。2013 年 6 月 18 日，深圳率先启动碳排放交易，其他试点省市预计 2013 年底前全部启动碳排放交易。

3. 加快标准体系建设

2012 年，国家能源局批准发布了《燃煤发电企业清洁生产评价导则》（DL/T 254-2012）、《燃煤电厂能耗状况评价技术规范》（DL/T 255-2012）、《火力发电机组煤耗在线计算导则》（DL/T 262-2012）、《火电企业清洁生产审核指南》（DL/T 287-2012）4 项电力行业标准，对规范电力行业节能低碳、可持续发展起到重要作用。

4. 促进低碳发展

实施低碳产品认证。2013 年 2 月 18 日，国家发展改革委同国家认监委联合印发了《低碳产品认证管理暂行办法》，目的是为了应对气候变化，控制温室气体排放，规范低碳产品认证活动，引导低碳生产和消费；对于低碳产品认证的相关人员与机构进行了相关规定与认定，对于从事低碳产品认证的相关人员做出了规定：从事低碳产品认证核查活动的人员应当熟悉相关认证产品的生产过程、技术标准、认证方案，以及温室气体核算方法，并经国家认证人员注册机构注册后，方可从事认证现场核查工作。

5. 推动碳捕集、利用和封存技术发展

2013 年 4 月 27 日，国家发展改革委印发《关于推动碳捕集、利用和封存试验示范的通知》（发改办气候［2013］849 号），明确了近期推动碳捕集、利用和封存的试验示范工作：一是结合碳捕集和封存各工艺环节实际情况开展相关试验示范项目；二是开展碳捕集、利用和封存示范项目和基地建设；三是探索建立相关政策激励机制；四是加强碳捕集、利用和封存发展的战略研究和规划制定；五是推动碳捕集、利用和封存相关标准规范的制定；六是加强能力建设和国际合作；最后还对工作组织提出了要求。

6. 促进节能环保产业发展

2013 年 8 月 1 日，国务院印发《关于加快发展节能环保产业的意见》（国发［2013］30 号），对拉动投资和消费，形成新的经济增长点，推动产业升级和发展方式转变，促进节能减排和民生改善，实现经济可持续发展和确保 2020 年全面建成小康社会，具有十分重要的意义。根据该意见，节能环保产业产值年均增速在 15% 以上，到 2015 年，总产值达到 4.5 万亿元，成为国民经济新的支柱产业。

二、能源领域应对气候变化的行动

能源领域认真贯彻国家应对气候变化的各项要求，通过优化电力结构、强化节能降耗等系列措施，碳排放强度不断下降，应对气候变化能力持续提高。以 2005 年为基准年，2006—2012 年，通过发展非化石能源、降低供电煤耗和降低线损率等措施累计减排二氧化碳 35.6 亿吨，能源领域为减缓气候变化作出了突出贡献[①]。

（一）持续推进电力结构调整

1 提高非化石能源发电比重

截至 2012 年底，全国全口径发电装机容量 11.47 亿千瓦，同比增长 7.9%[②]。其中，水电 2.49 亿千瓦，同比增长 7.1%，居世界第一；火电 8.2 亿千瓦，同比增长 6.7%；核电 1 257 万千瓦，与上年持平，在建规模居世界首位；并网风电容量 6 142 万千瓦，同比增长 32.9%，居世界第一；并网太阳能发电 341 万千瓦，同比增长 60.6%。全国水电、核电、太阳能发电等非化石能源发电装机占全部发电装机的 28.5%，比 2005 年提高 4.2 个百分点。

2012 年底全国全口径发电装机构成情况见图 1。

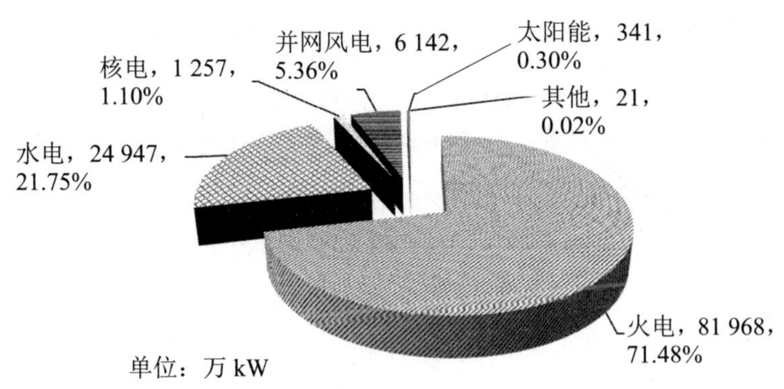

图 1　2012 年底全国全口径发电装机结构情况

① 该数据为专家估算值，是以 2005 年为基准年，2006—2012 年累计减碳量。

② 来源于中国电力企业联合会统计年报。

2012 年，全国全口径发电量 49 865 亿千瓦·时，比上年增长 5.41%[①]。其中，水电 8 556 亿千瓦·时，比上年增长 28.06%，约占发电总量的 17.2%；火电 3 9255 亿千瓦·时，比上年增长 0.65%，约占发电总量的 78.7%；核电 983 亿千瓦·时，比上年增长 12.75%，约占发电总量的 2.0%；风电 1 030 亿千瓦·时，比上年增长 39.15%，约占发电总量的 2.1%。

2012 年底全国全口径发电量构成情况见图 2。

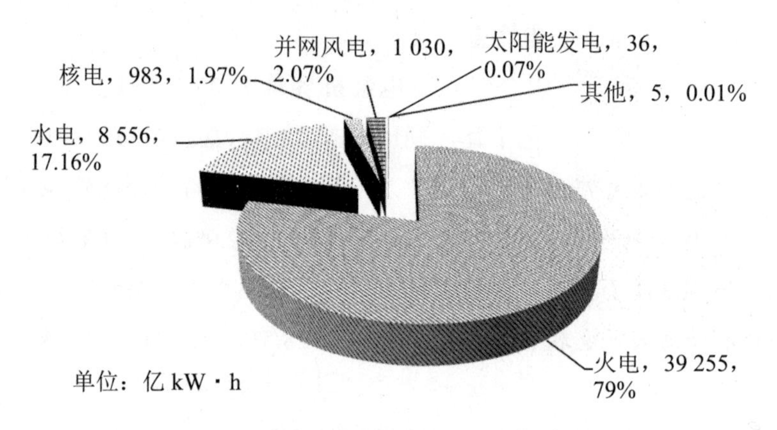

图 2　2012 年底全国全口径发电量结构情况

截至 2013 年 6 月底，全国 6 000 千瓦及以上电厂发电设备容量 11.42 亿千瓦，同比增长 9.3%[②]。其中，水电 22 180 万千瓦，同比增长 9.6%；火电 83 418 万千瓦，同比增长 7.6%；核电 1 461 万千瓦，同比增长 16.7%。

2013 年 1 ～ 6 月，全国规模以上电厂发电量为 24 342 亿千瓦·时，同比增长 4.4%[③]。其中水电为 3 291 亿千瓦·时，同比增长 11.8%；火电

① 来源于中国电力企业联合会统计年报。
② 来源于中国电力企业联合会统计月报。
③ 来源于中国电力企业联合会统计月报。

19 955 亿千瓦·时，同比增长 2.6%；核电 477 亿千瓦·时，同比增长 3.0%。

2. 建设大容量、高参数、环保型火电机组

截至 2012 年底，全国 30 万千瓦及以上火电机组比例达到 75.6%，比上年增加近 1.2 个百分点，在运百万千瓦超超临界燃煤机组达到 54 台，数量居世界第一，对我国火电结构的优化和技术升级起到重要作用。

全国汽轮机组容量等级变化情况见图 3。

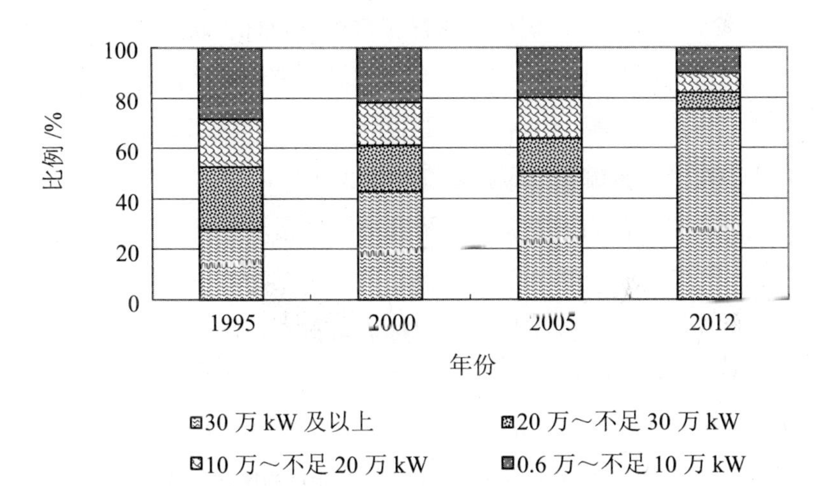

图 3 我国汽轮机组容量等级变化情况

3. 提高电网优化配置资源能力

一批输电大通道工程、新能源外送工程和科技引领示范工程建成投运，电网优化配置资源能力大幅提升，技术装备水平全面提高。特高压输电创造多项世界纪录，智能电网建设继续走在世界前列。截至 2012 年底，全国 220 千伏及以上输电线路回路长度、公用变电设备容量分别为 50.58 万千米、24.97 亿千伏·安，分别同比增长 6.5% 和 12.96%。

（二）持续提升能源科技水平

1. 加快科技创新步伐

电网领域立足自主科技创新，电网远距离大容量输送能力和供电可靠性得到快速提升。特高压技术取得了一系列重大突破，走在了世界相关领域的前列。2012 年 , 国家电网公司相继投运了一批重点联网工程，包括新都桥—甘孜—石渠工程、高岭直流背靠背扩建工程和直流特高压工程锦屏—苏南特高压直流输电工程。2011 年底南方电网公司开工建设的“两渡”工程云南普洱—广东江门 ±800 千伏直流输电工程和溪洛渡右岸电站送电广东双回 ±500 千伏直流输电工程也在稳步推进中。

发电领域在科技创新的引领下，资源洁净利用水平逐步提升。2012 年 12 月 17 日，我国自主研发、自主设计、自主制造、自主建设、自主运营的华能天津 IGCC 电站示范工程投产，标志着我国洁净煤发电技术取得了重大突破。2012 年 11 月 5 日，世界首台单机容量 80 万千瓦的水轮发电机组在金沙江向家坝水电站 7 号机组顺利结束 72 小时试运行，正式投产运行。同时，采用第三代核电技术建设的 AP 1000 核电机组进入主体建设阶段，风电、太阳能发电技术均有新突破，电力设备国产化率继续提高，我国电力工业技术装备和制造能力进入新的发展阶段。

2. 积极开展技术改造

继续组织现役机组开展汽轮机通流改造、泵与风机变频改造、微油点火、等离子点火、电力网升压改造、变压器改造、配电线路节能改造等节能技术改造，机组能耗持续下降。

（三）发挥管理机制减排作用

1. 加强节能技术监督与管理

一是将节能技术监督与管理贯穿于技术改造和电力生产全过程，对影响发电设备经济运行的重要参数、性能和指标进行监督、调整和评价，从耗能设备的选型、安装、调试、运行、检修等全过程进行管理，使煤、电、油、汽、水等各方面的消耗达到最佳值。二是加强节能运行管理。工作中加强运行人员业务培训，提高业务水平，保证机组优化运行，提高设备可靠性。通过加强各项参数调整，优化辅机的运行方式，加强对标等，保证机组在最佳状态运行。三是积极开展节能评价。电力企业制定并定期修订火电机组节能相关评价管理办法和实施细则，跟踪国内一流指标和先进工艺、先进技术，组织开展节能评价，努力提高设备可靠性，实现挖潜增效。

2. 开展能效对标活动

根据《全国火电燃煤机组能效水平对标管理办法》和《全国火电燃煤机组竞赛评比管理办法》，中电联组织开展了2012年度全国火电60万千瓦级和30万千瓦级机组能效对标工作，发布了能效对标结果。

3. 深化需求侧管理

电网公司积极贯彻落实国家电力需求侧管理相关政策法规，全面落实《电力需求侧管理办法》（发改运行［2010］2643号），制定相关考核办法，不断深化电力需求侧管理，全力推动全社会节能减排工作。

4. 建立健全技术标准体系

能源领域积极组织开展节能减排与应对气候变化标准制修订，着力健全技术标准体系。在中电联标准化管理中心的指导下，电力行业节能标准化技术委员会和电力行业环保标准化技术委员会2011年和2012年共组织制修订行业标准16项，涉及审核、验收、监测、评价等领域，还专门组织开展了二氧化碳排放统计方法和指标方面的标准制定。

（四）发挥市场机制减排作用

1. 继续实施清洁发展机制项目

截至 2012 年 12 月 10 日，我国共有 1 007 个 CDM 项目获得 CERS 签发，总签发量 6.77 亿吨二氧化碳；截至 2012 年 12 月 25 日，我国共有 2 835 个 CDM 项目成功注册，占东道国注册项目总数的近一半。在这些注册项目中，电力行业 CDM 项目约占 90% 以上，是 CDM 项目覆盖的主要行业，主要涉及水电项目和风电项目。

截至 2013 年 7 月 31 日，我国共有 3 682 个 CDM 项目成功注册，共有 1 319 个 CDM 项目获得 CERS 签发。

2. 开展能源领域碳排放交易研究

中电联联合有关机构开展了燃煤电厂二氧化碳排放统计方法论研究，着手研究建立燃煤电厂二氧化碳排放统计指标体系，为确定电力二氧化碳排放总量和建立电力二氧化碳排放测量、报告及核查机制提供参考。

三、能源领域温室气体排放控制成效

（一）供电煤耗持续下降

2012 年，全国 6 000 千瓦及以上火电机组供电标准煤耗 325 克 / 千瓦 · 时，同比下降 4 克 / 千瓦 · 时[①]，继续保持世界先进水平。

① 来源于中国电力企业联合会统计年报。

2005—2012 年我国火电机组平均供电标准煤耗变化情况见图 4。

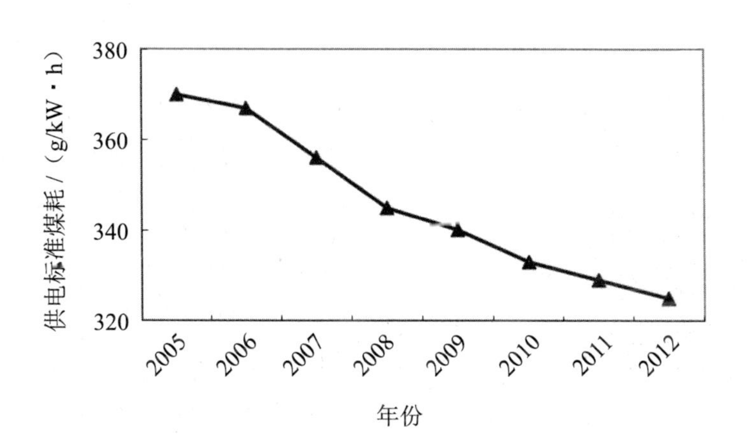

图 4 2005—2012 年我国火电机组平均供电标准煤耗变化情况

2013 年 1 ～ 6 月，全国 6 000 千瓦以上电厂平均供电煤耗 320 克 / 千瓦 · 时，同比下降 4 克 / 千瓦 · 时[①]。

（二）线损率居世界先进水平

2012 年，全国线路损失率为 6.74%[②]，比 2011 年上升 0.22 个百分点，居同等供电负荷密度条件国家的先进水平。

2005—2012 年全国线损率变化情况见图 5。

① 来源于中国电力企业联合会统计年报。

② 来源于中国电力企业联合会统计年报。

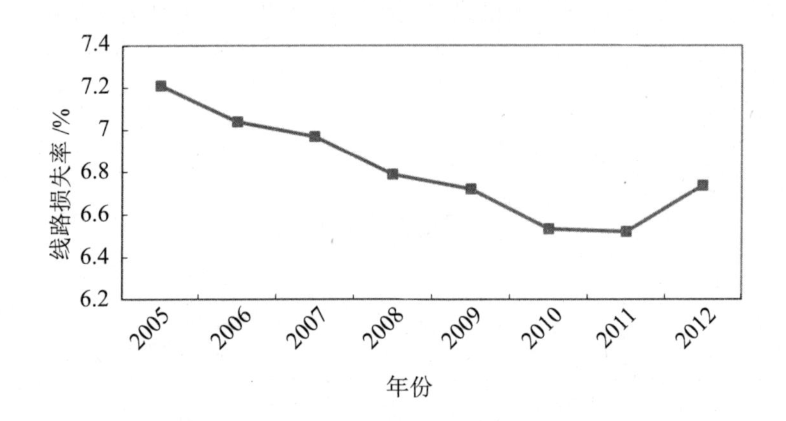

图 5 2005—2012 年全国线损率变化情况

2013 年 1 ～ 6 月，全国平均线路损失率达到 5.97%，同比下降 0.2%①。

（三）碳减排量逐年提高

以 2005 年为基准年，2006—2012 年，能源领域通过发展非化石能源、降低供电煤耗和降低线损率等措施累计减排二氧化碳 35.6 亿吨，各年碳减排量逐年提高。其中，供电煤耗的降低对电力行业减排贡献最大，约 52%；发展非化石能源贡献率约 46%。

以 2005 年为基准年， 2006—2012 年各年二氧化碳减排情况见图 6，各项措施二氧化碳累计减排贡献见图 7。

① 来源于中国电力企业联合会统计月报。

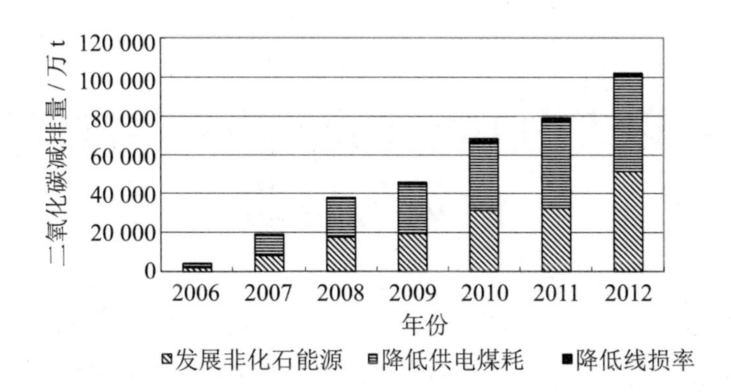

图 6 以 2005 年为基准年 2006—2012 年各年二氧化碳减排情况

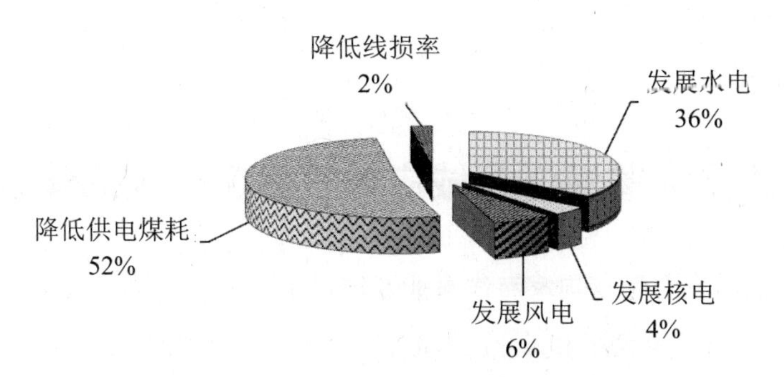

图 7 2006—2012 年各项措施二氧化碳累计减排贡献

（撰稿人：能源局能源节约与科技装备司　孙嘉弥　冯波　邢德山）

2012年以来中国海洋领域应对气候变化的政策与行动

海洋占地球表面积的70%以上，是大气热量和水汽的主要供给者、地球上二氧化碳的主要吸收者，也是受全球气候变化影响最严重的领域，对减缓和适应气候变化有着重要作用。2012年以来，在党中央、国务院的正确领导下，国家海洋局积极推进海洋领域应对气候变化相关工作，取得了一定成效。

一、逐步完善海洋领域应对气候变化规划体系

国务院批准发布了《国家海洋事业发展"十二五"规划》《全国海洋经济发展"十二五"规划》和《全国海岛保护规划》，从大力发展循环经济、推进海洋产业节能减排工作开展、加强海洋生态环境保护、做好海岛保护与整治修复、提高海洋防灾减灾能力等不同角度，对"十二五"期间海洋领域应对气候变化工作做了全面部署。

二、扎实推进海洋领域节能减排工作

国家海洋局认真贯彻落实《"十二五"控制温室气体排放工作方案》，综合运用多种控制措施，加强低碳技术研发和应用，有效控制海洋领域的

温室气体排放。一是加快淘汰落后产能，按照国家《产业结构调整指导目录》的要求，在建设项目用海审批和环评过程中严格把关，限制落后产能和产能过剩的建设项目用海，积极推动沿海经济发展方式转变，调整沿海经济结构，提高海洋经济增长质量和效益。二是积极发展低碳能源，重点支持海洋风能、波浪能、潮汐能等可再生能源的研发、产业化和示范项目建设，减少化石能源消费，控制温室气体排放。三是努力增加碳汇，积极探索利用海洋生物进行固碳，对滨海湿地固碳能力及其温室气体排放量进行跟踪监测，建设了一批滨海湿地固碳示范项目。

三、深入开展海洋生态环境监测评估工作

国家海洋局扎实开展典型海洋生态系统监测评价工作，重点针对浮游动植物、底栖海藻、潮间带动物和河口生态系统进行试点监测，构建了典型海洋生态系统对气候变化响应监测评价的指标体系，编写完成了《气候变化海洋生态敏感区试点监测与评价研究报告》和《气候变化海洋生态敏感区试点监测与评价工作报告》，为全面开展我国海洋生态系统对气候变化响应的监测评价工作奠定了基础。

继续推动海—气 CO_2 交换通量监测评价工作开展，进行海洋酸化的先导性监测工作，完成了海—气 CO_2 交换通量船基走航监测工作，发布了《2012 年中国海洋环境状况公报》，揭示了我国近海的 CO_2 源汇格局状况以及渤海、黄海的海水酸化状况。

四、强化海岛海岸带保护与开发管理

国家海洋局先后出台了《关于对区域用岛实施规划管理的若干意见》

和《关于在无居民海岛周边海域开展围填海活动有关问题的通知》等一系列文件，加强了对海域使用和海岛开发与保护工作的管理力度，有序规范了围填海活动开展，促进了海岛的科学开发和海岛地区的经济发展。

国家海洋局加强了海岛海岸带整治修复工作，使用中央财政海域使用金和海岛保护专项资金近8.5亿元，支持沿海地方开展了45个海域、海岸带整治修复和海岛生态修复、垃圾集中处理、淡水资源保护、可再生能源开发项目，逐步改善了这些海岛海岸带地区的生态与人居环境2012年新增国家级海洋特别保护区18处，截至目前，各级各类海洋保护区已有240多处。提高了适应气候变化的能力。

五、努力提升海洋灾害预警减灾能力

国家海洋局积极开展海洋灾害监测工作，在沿海新建了22个海洋观测站（点）、1个锚系浮标和30套海况视频监控系统，显著提高了对海洋灾害的监测能力。组织开展了沿海11个省（自治区、直辖市）海平面变化、30个海水入侵区域、22个土壤盐渍化区域和7个海岸侵蚀重点岸段的监测评价工作，发布了《2012年中国海平面公报》和《海平面上升影响评估专题报告》，为建立全国海平面变化及其他缓发海洋灾害监测体系积累了经验。

国家海洋局加强了海洋预报和灾害预警工作，及时向各级政府和社会公众发布《2012年中国海洋灾害公报》和各类海洋预警信息，开展沿海大型工程海洋灾害风险排查和风险区划工作，有效避免和减少了海洋灾害损失。建设了海洋渔业生产安全环境保障服务系统，开展了面向沿海重点保障目标的精细化预报试点工作，为沿海各级政府部门的海洋灾害防御工作提供了决策支撑。

国家海洋局注重从海洋变化角度开展气候形势预测工作，建立了业务化的海洋与气候变化预测工作机制，定期组织专家对各种海洋和大气异常事件出现的原因和可能造成的影响进行分析预测，向党中央、国务院有关部门上报了多期海洋与气候形势预测意见。

六、积极推进海洋领域应对气候变化科学研究

国家海洋局注意发挥科学技术在海洋应对气候变化工作中的基础和先导作用，积极开展海洋领域减缓和适应气候变化的相关技术研究，取得丰富成果。一是在海洋固碳方面深入开展红树林湿地固碳能力提升技术研究，获得了不同滩涂高程以及不同物种的红树林湿地植被固碳能力，为未来红树林潜在物种采选提供了有益参考。二是在海—气 CO_2 交换通量监测方面开展了海水 CO_2 分压遥感反演算法研究，制作了中国近海月均海水 CO_2 分压遥感产品并对遥感产品进行验证分析，组织开展了“中国近海海—气 CO_2 通量遥感监测评估系统研究示范”等重大项目。三是在气候变化影响评估方面开展了我国气候与海洋环境的区域响应和变化评估，完成了全球变暖背景下东亚季风年代际的变异特征分析工作。四是在适应气候变化方面开展了海洋灾害预警技术、砂质海岸生境保护修复技术和海洋生物多样性保护技术研究工作，取得了良好的应用效果。

七、开展南极环境综合考察与评估

国家海洋局组织开展了中国第 29 次南极考察，圆满完成了南极普里兹湾及邻近海域的综合考察任务，获得 6 个断面 64 个站位的物理海洋数据和样品，地质取样 41 站，生物拖网 38 站，重力和水深测线 2 300 余千米，

磁力测线 2 200 余千米，24 道地震测线 690 余千米，热流测量 5 站，投放 5 个海底地震仪，回收和释放潜标各 2 个。考察期间，第 29 次南极考察队成功实施了深冰芯钻探工程，获得了迄今世界上分辨率最大的三维深冰结构和冰下地形数据，寻找到冰盖由底部快速“生长”的三维雷达图像证据，为冰盖稳定性与海平面变化研究提供了新的研究视野，标志着中国具备了开展深冰芯科学钻探的能力。

八、积极开展应对气候变化国际合作和对外宣传

国家海洋局在国家发展改革委的组织下，实施了气候变化框架下的海洋灾害监测与预警南南合作研究项目，编制了《发展中国家海洋灾害监测预警能力建设指南》（英文版），2012 年在厦门举办了 1 期“发展中国家海洋灾害监测与预警技术研修班”，为柬埔寨、印度尼西亚等 9 个发展中国家的 16 名学员进行了技术培训。同年，和意大利合作开展了“沿海地区生态系统能力建设项目”，纳入了国家发展改革委和意大利国土、环境和海洋部的中意气候变化合作框架计划。与中国工程院联合举办了“海洋在多年代际气候变化中作用”高层国际研讨会。

2012 年，国家海洋局积极开展海洋领域应对气候变化宣传工作，创办了“中国海洋与气候变化信息网”，编辑制作了各类画册、卡片、挂图，在“5·12 防灾减灾日”“6·8 世界海洋日”期间进行科普宣传。定期编发《海洋领域应对气候变化工作通讯》《全球海洋气候监测》《中国近海海洋气候监测》和《海洋与中国气候展望》等刊物，向国家有关部门和社会公众及时宣传海洋领域气候变化信息，有效提高了公众对海洋与气候变化的认识。

结语：

海洋与全球气候变化密不可分，是气候变化的调节器，也是受气候变化影响最严重的领域。在今后的工作中，国家海洋局将继续坚持科学发展，牢固树立绿色、低碳发展理念，加强海洋领域应对气候变化的各项工作开展，促进沿海经济社会的可持续发展。

（撰稿人：海洋局预报减灾司　易晓蕾　褚骏　曲平）

2012 年以来中国技术创新领域应对气候变化的政策与行动

2012 年，中国政府继续加大对技术创新的政策引导和支持力度，全社会科技投入保持快速增长，科技前沿及新兴产业发展取得一批重要成果，技术创新对推动经济发展方式转变作用持续增强。

一、加强规划和政策引导，落实创新驱动发展战略

2012 年，中共中央、国务院发布了《关于深化科技体制改革 加快国家创新体系建设的意见》，明确提出“十二五”期间，全社会研发经费达到国内生产总值的 2.2%，大中型工业企业平均研发投入占主营业务收入比例提高到 1.5%，科技进步贡献率达到 55%，并在企业技术创新主体地位、创新体系建设、科技体制改革、完善人才发展机制、营造良好创新环境等方面出台了若干配套政策措施。国务院还先后发布了《“十二五”国家自主创新能力建设规划》和《国家重大科技基础设施建设中长期规划（2012—2030 年）》等规划，明确了我国加强自主创新的战略思路、重点任务、主要目标和政策措施等，为创新驱动发展提供支撑。

为了加快提升产业发展水平和产业转型发展，准确把握产业发展态势，2012 年以来，中国政府在不同领域相继制订出台了一批发展规划和指导意见。国家发展改革委联合工信部会同 9 个部门成立了“宽带中国”战略研

究工作小组，印发了《“宽带中国”战略及实施方案》。发布了《关于推进物联网有序健康发展的指导意见》，并牵头起草了10个物联网发展专项行动计划。起草了《关于促进云计算健康发展的有关意见》，同时积极组织实施了云计算示范工程。印发了《关于下一代互联网“十二五”发展建设的意见》，并制定了分工落实方案，组织召开了下一代互联网发展建设峰会。研究制定了《加快发展高技术服务业的指导意见》落实工作分工方案。制定了《国家规划布局内的重点软件企业和集成电路设计企业认定管理实行办法》。印发了《关于促进信息消费扩大内需的若干意见》。

2012年我国全社会研发支出继续保持快速增长，同比增长17.9%，占GDP的比例达到1.97%。企业为主体的创新格局不断强化，企业的研发支出占全社会研发投入比重达74%。发明专利授权21.7万件，同比增长26.1%，累计授权量突破100万件，每万人口发明专利拥有量达到3.23件。

二、全面推进战略性新兴产业发展，促进产业结构调整升级

2012年，国务院发布了《“十二五”国家战略性新兴产业发展规划》，提出了“十二五”期间我国重点发展的节能环保、新一代信息技术、生物、高端装备制造、新能源、新材料、新能源汽车7个战略性新兴产业重点领域，国务院相关部门陆续制定并发布了7个重点产业专项规划以及现代生物制造等20多个专项科技发展规划，针对性制定和发布了软件和信息服务、太阳能光伏、海洋工程装备等11个细分领域专题规划。制定并发布了《战略性新兴产业重点产品和服务指导目录》《战略性新兴产业分类（2012）》、战略性新兴产业知识产权工作的指导意见、促进战略性新兴产业国际化发展的指导意见等相关政策措施。北京、上海等26个省市相继发布了战略性

新兴产业发展的规划或指导意见。国务院有关部门正在制定重大节能环保技术与装备产业化、宽带中国、物联网和云计算、新能源集成应用、新能源汽车等 20 个重大工程的实施方案。新兴产业创投计划支持设立创业投资基金已达 138 只，基金规模达 380 亿元，已经投资超过 300 家创新型中小企业。其中投资于节能环保和新能源领域的基金有 38 只，规模近 110 亿元。

2012 年，节能环保、新一代信息技术、生物等新兴产业领域销售产值增速约两倍于同期工业总产值增速。生物医药、互联网信息服务、海洋工程装备等新的增长点加速成长，高技术制造业增加值增长 12.2%，高出规模以上工业增加值 2.2%。部分地区战略性新兴产业已经发展成为当地经济发展的先导性支柱产业，2012 年江苏省、上海市和广东省的战略性新兴产业占当地规模以上工业增加值的比重分别达到 38.4%、23.7% 和 19.8%。

三、推动创新能力建设，为经济社会发展提供有力支撑

2012 年，国家创新能力建设取得积极进展。强磁场装置、结冰风洞等“十一五”启动的重大科技基础设施建设全面推进，其中子午工程、陆态网络等项目完成国家验收，海洋科考船、脉冲强磁场已基本完成建设任务，上海蛋白质工程和散裂中子源开工建设。中科院“十二五”科教基础设施建设项目启动实施，知识创新三期工程基本完成。我国科技创新的技术基础和条件建设进一步加强。

2012 年，新组建了机械产品再制造、陶瓷基复合材料制造技术等一批国家工程研究中心，国家工程研究中心累计达到 132 家。在信息、电力电子、农业、新材料、交通等重点产业领域，组建了数字家庭网络、作物高效用水与抗灾减损、超导材料制备、桥梁结构安全技术等国家工程实验室，

国家工程实验室累计达到130家。新认定94家国家级企业技术中心，截至2012年底，国家和省（自治区、直辖市）认定企业技术中心达8 137家，其中国家级887家，这些企业已成为我国产业技术创新的中坚力量，以企业为主体、市场为导向、产学研相结合的技术创新体系不断建立和完善。

优化区域创新能力建设布局，开展深圳等17个国家创新型城市试点，鼓励不同地区根据自身特点和优势，探索各具特色的创新发展道路。2012年，还推进建立了112个国家地方联合工程研究中心、工程实验室，引导地方加强创新平台和创新能力建设，为区域经济的持续发展提供动力支撑。

四、推动技术成果转化，着力加强低碳技术研发和示范

2012年以来，我国取得了一批具有世界影响力的标志性技术创新成果。铁基超导、量子信息、干细胞等领域取得世界领先的原创成果，天河二号超级计算机系统在最新的国际超级计算机500强中拔得头筹，神舟十号载人飞船成功发射并顺利完成与天宫一号的交会对接，蛟龙号成功深潜7 000米。

（一）关键产业技术领域获得新突破

北斗导航系统产业化进入新阶段，终端研制取得重大成果，钛合金等新材料关键技术研发进展明显；自主研制8万吨级模锻液压机，3D打印技术在航空领域深入应用，高端装备制造水平再上新台阶。传统产业转型升级迈出新步伐。再生有色金属总量已接近原生有色金属总量的1/3，主要生产企业能耗指标进一步降低，再生铝达到110千克标煤 / 吨，再生铜接近250千克标煤 / 吨，再生铅接近100千克标煤 / 吨。全国新型干法水泥生产线达1 637条，设计熟料产能16亿吨，新型干法水泥占水泥总产量

比重超过 90%。大型能源基地建设继续推进，绿色矿山建设、燃煤电厂综合升级改造加快，风电、光伏发电并网装机容量分别新增 1 500 万千瓦、300 万千瓦。

（二）加强重点行业低碳技术创新及产业化，为节能减排和应对气候变化提供技术支撑

在“十二五”期间启动了“国家低碳技术创新及产业化示范工程”。目前，2011 年在钢铁、有色、石化 3 个行业实施的 20 项示范工程项目建设进展顺利，部分项目已建成并逐步在行业内推广应用。2013 年，在煤炭、电力、建筑、建材 4 个行业实施了 34 个示范工程。其中，煤炭行业主要针对煤炭开采、生态环保等主要关键环节，重点推进绿色煤矿、千万吨级高效综采、煤矿乏风源和矿井水水源热泵供暖、中低浓度瓦斯液化提浓和乏风瓦斯氧化等技术创新和产业化示范。电力行业主要面向主流火电发电机组节能改造及热电联产核心技术应用，重点推进电站锅炉余热的高能级深度利用、大型电站冷源节能、大型湿式冷却塔均匀进风、火电汽轮机节能增效、热电联产节能等技术创新和产业化示范。建筑行业主要针对新型结构体系、建筑用能设备和技术、围护结构保温隔热等建筑节能潜力较大的领域，重点推进装配式轻钢轻混凝土结构住宅、高效平板太阳能与建筑一体化应用、节能型供冷供热设备应用、可再生能源区域供冷供热、利用工业余废热的建筑集中供热、被动式房屋低能耗建筑、新型保障性住房等关键技术创新和产业化示范。建材行业主要针对水泥、混凝土、平板玻璃、建筑陶瓷等主要大宗建筑材料在生产和使用过程中节能减排，重点推进水泥窑协同处置废弃物、泡沫混凝土保温板、玻璃熔窑节能减排、建筑卫生陶瓷废料回收利用、玻璃纤维窑炉全氧燃烧等技术创新和产业化示范。

（撰稿人：国家发展改革委高技术产业司　徐建平　石一　霍福鹏　吉文杰）

2012年以来中国节能降耗领域应对气候变化的政策与行动

2012年以来，各地区、各部门认真贯彻党中央、国务院决策部署，坚持把节能降耗作为调整经济结构、转变发展方式、推动科学发展、建设生态文明的重要抓手，采取了一系列强有力政策措施，各项工作取得积极进展。

一、强化节能目标责任

国务院印发了节能减排“十二五”规划、节能环保产业发展规划等，进一步明确了各地区、各领域节能目标任务，细化了政策措施。国务院节能减排工作领导小组办公室多次召开联络员会议，部署节能减排工作。加强节能形势分析，定期发布各地区节能目标完成情况晴雨表。完善节能考核制度，调整考核内容，健全考核程序。组织对省级人民政府进行节能目标责任评价考核，向社会公告考核结果，并作为对地方领导班子和领导干部综合考核评价的参考内容，纳入政府绩效管理。开展了“十一五”时期全国节能减排先进典型表彰活动，对530个节能减排先进集体、467个节能减排先进个人进行了表彰。

二、严格节能评估审查工作

认真执行《固定资产投资项目节能评估和审查暂行办法》，落实国家能评工作经费，完善节能评估审查配套制度，制定各地新上项目国家能评控制方案，建立了各地区“十二五”新上高耗能项目国家能评控制方案，严控高耗能、高排放和产能过剩行业新上项目，切实发挥了能评对能耗强度和能耗增量的“双控”作用。举办了两期节能评估审查培训。截至 2013 年上半年，累计出具审查意见 886 项，从源头减少不合理能源消耗约 1 393 万吨标准煤。

三、实施重点节能工程

安排中央预算内投资 48.96 亿元和中央财政奖励资金 26.1 亿元支持重点节能改造、高效节能技术和产品产业化示范、重大合同能源管理、节能监察机构能力建设、建筑节能、绿色照明等重点工程项目 2 411 个（其中，安排中央预算内投资 10.66 亿元支持节能监察机构能力建设项目 1 215 个），安排中央预算内资金 8 670 万元，支持了 11 个甩挂运输改造项目。通过实施节能项目，累计年可形成 1 979 万吨标准煤的节能能力。

四、大力推广节能技术产品

实施节能产品惠民工程，安排中央财政资金 300 多亿元，推广节能家电 9 600 多万台（套）、节能汽车 260 余万辆、高效电机 1 444 万千瓦，绿色照明产品 1.6 亿只，年可实现节能能力 1 220 万吨标准煤。开展了节能产品惠民工程专项监督检查暨打击能效虚标专项行动。发布了国家重点节能技术推广目录（第五批），12 个行业的 49 项重点节能技术列入目录，五批目录累计向社会推荐了 186 项重点节能低碳技术。推进节能产品政府采购，更新发布了两批节能产品政府采购清单。

五、推进重点领域节能

深入开展万家企业节能低碳行动。公布了 16 078 家万家企业名单，分解落实节能量 2.5 亿吨标准煤。印发了《万家企业节能目标责任考核实施方案》《关于进一步加强万家企业能源利用状况报告工作的通知》和《关于加强万家企业能源管理体系建设工作的通知》，基本建立了万家企业节能管理政策体系。开展万家企业节能目标责任考核、能源利用状况报告填报和企业能源管理体系建设工作。加强万家企业节能培训，累计培训万家企业节能管理人员 3 万余人。积极推进重点用能单位能耗在线监测系统试点建设工作。加强建筑节能工作。国务院印发了绿色建筑行动方案，住建部发布了建筑节能专项规划，截至 2012 年底，全国城镇新建建筑强制性节能标准执行率基本达到 100%，北方地区既有居住建筑供热计量及节能改造 5.9 亿平方米，城镇太阳能光热应用面积 24.6 亿平方米。推进交通领域节能。在 26 个城市开展低碳交通运输体系建设试点，深化“车船路港”千家企业低碳交通运输专项行动，启动了 26 个甩挂运输试点项目、40 个甩挂运输场站建设。强化公共机构节能，健全公共机构能耗计量、统计和考核制度，在 937 家单位开展节约型公共机构示范单位创建活动，与 2010 年相比，2012 年全国公共机构人均能耗下降 7.18%，单位建筑面积能耗下降 5.7%。

六、推行市场化节能机制

加大对合同能源管理的支持力度，通过国家备案的节能服务公司达到 3 210 家。加强合同能源管理政策宣贯工作，开展了 5 期合同能源管理政策培训。召开了全国合同能源管理政策宣贯暨经验交流会议，组织商贸用能单位与节能服务公司进行项目对接。积极落实合同能源管理税收优惠政策。安排财政奖励资金 3.02 亿元，支持合同能源管理项目 495 个，节能量 125.8 万吨标准煤。2012 年全国节能服务产业产值达到 1 653 亿元，节能服务从业人员达到 43.5 万人。

七、推进节能标准化工作

实施了“百项能效标准推进工程”，发布了 60 多项节能标准，主要包括高耗能行业单位产品能耗限额、终端用能产品能效、节能基础类标准。扩大能效标识管理产品范围，及时发布实行能源效率标识的产品目录，将太阳能热水器、制冷展示柜、计算机等纳入能效标识管理，能效标识已覆盖 27 种终端用能产品。加强了节能产品认证，截至 2013 年 5 月底，累计发放节能认证证书 41 700 份，比“十一五”末增长了 1 倍多。

八、加快发展循环经济

安排资金 23 亿元，支持了 7 个国家“城市矿产”示范基地建设、16 个城市开展餐厨废弃物资源化利用和无害化处理试点、22 个园区开展循环化改造，启动了第二批 28 个再制造试点，积极探索发展循环经济的有效模式，建成后可新增资源量 427 万吨、餐厨废弃物年处理能力 98 万吨。

启动资源综合利用“双百工程”，首批确定了24个示范基地和26家骨干企业，可新增资源年综合利用能力1.2亿吨。

九、深入开展节能减排全民行动

加强节能减排宣传，在新闻媒体开辟专栏，大力宣传节能减排重要性、紧迫性和国家采取的政策措施及取得的成效，宣传先进典型，普及节能减排知识和方法，曝光浪费能源行为，为推进节能减排营造良好社会氛围。组织开展全国节能宣传周等主题宣传活动。举办第二届中国国际循环经济成果交易博览会；确定了首批9个循环经济教育示范基地。开展了节能减排进家庭、进社区、进企业、进机关、进学校、进军营等专项活动。有关部门、社会团体实施了重点行业职工节能减排达标竞赛、“家庭低碳计划十五件事”、青年文明号节能减排示范及创新行动、绿色校园节能减排志愿活动等一系列专题活动。

通过实施以上政策措施，2012年全国万元GDP能耗降低了3.6%，超额完成了降低3.5%的年度目标，“十二五”前两年，全国单位GDP能耗累计下降5.5%，实现节能2.1亿吨标准煤，缓解了能源供需矛盾，通过节能相当于减排二氧化碳5亿吨以上，产生了良好的经济和社会效益。

（撰稿人：国家发展改革委环资司　王云红）

附件:

Foreword

China is the world's largest developing country with a large population. It has an imbalanced regional development and is still in the process of industrialization and urbanization. In 2012, China's per capita gross domestic product (GDP) exceeded US$6,000, ranking 87th in the world. The current challenges facing China include the task of developing its economy, eradicating poverty and improving the people's livelihoods, as well as actively tackling climate change.

China's climate is complex and its ecological environment is fragile, which makes it very vulnerable to the adverse impacts of climate change. Since 2012, China has suffered from frequent extreme weather conditions. Many areas in the south have experienced extremely high temperatures, and there have been increased urban, regional and mountain floods, landslides and mudslides. Many typhoons have hit land at the same time, affecting a broad area. Frequent storm surges have caused great damage. For the past four consecutive years there have been moderate to severe droughts in central and northwestern Yunnan Province, taking a heavy toll on agriculture and people's lives.

The 18th Communist Party of China (CPC) National Congress, held in November 2012, set forth that in the face of increasing constraints on resources, severe environmental pollution and a deteriorating ecosystem, it is essential to raise our ecological awareness of the need to respect, follow and protect nature. We must prioritize ecological development and incorporate it into the "five in one" arrangement for socialism with Chinese characteristics, which includes economic, political, cultural, and social development, with a focus on promoting green, cyclical and low-carbon development. These actions will increase the strategic position of combating climate change in China's overall economic and social development.

Since 2012, in order to fulfill the country's objectives and tasks in addressing climate change during the 12th Five-Year Plan Period, the Chinese government has been accelerating the development of major strategic research and planning and strengthening top-level design, and has taken a series of actions to address climate change, with positive results. China continues to play a positive and constructive role in international climate change negotiations and has pushed for positive outcomes and international dialogues and cooperation at the Doha Climate Change Conference, thereby making a significant contribution to addressing global climate change.

This annual report has been issued to enable all parties to fully understand China's actions and policies on climate change, and to set out positive results achieved since 2012.

I. Status in Addressing Climate Change

As international consensus on addressing climate change continues to deepen and China's strength increases, China is faced with a new situation regarding the climate change issue.

From an international perspective, the international community's scientific understanding of climate change has deepened. The Fifth Assessment Report of the United Nations Intergovernmental Panel on Climate Change (IPCC) has further strengthened the scientific conclusion that human activity accounts for climate change. The global impact of climate change has become increasingly prominent and posed the most severe challenge to the world. As the global awareness of climate change is gradually increasing, it has become the common aspiration of all nations to tackle climate change. International climate change negotiations have entered a new stage. At the end of 2012, a package deal was reached at the Doha Climate Change Conference on important issues including the second commitment period of the Kyoto Protocol and a long-term cooperative action under the United Nations Framework Convention on Climate Change. This accomplished the Bali Road Map negotiations and pushed forward the Durban Platform negotiations. Countries are making positive efforts to reach a new global agreement in 2015.

From a domestic perspective, governments at all levels have emphasized climate change, made positive progress, and increased their abilities to mitigate the effects of and adapt to climate change. The development of mechanisms, laws and standard systems addressing climate change has been gradually improved. The people's awareness of low-carbon development has increased. In 2012, CO_2 emissions per unit of GDP fell 5.02 percent compared to 2011. By the end of 2012, the output of China's energy saving and environmental protection industry exceeded 2.7 trillion yuan. China's current capacity in hydropower, nuclear, solar, and wind power, and plantation areas all rank first in the world, which has made a positive contribution to addressing global climate change. China is still in the process of industrialization and urbanization. Its economy is growing rapidly. China's energy consumption and CO_2 emissions are large and will continue to grow. Great efforts are needed to control greenhouse gas emissions.

During the coming period, which is critical for China in building a moderately prosperous society in all respects, China will put more emphasis on quality, and performance of the economic growth, promote ecological progress, and make greater efforts to control greenhouse gas emissions, and make positive contributions to the global climate change issue.

II. Improving Top-level Planning, Systems and Mechanisms

Since 2012, China has strengthened major strategic studies and top-level planning on addressing climate change, and further improved its management systems and working mechanisms in the field. The strategic position of addressing climate change has been remarkably raised in both national economic and social development.

(I) Improving Management Systems and Working Mechanisms

Improving governing bodies. In July, 2013, the State Council made an adjustment to the composition and personnel of the National Leading Group for Addressing Climate Change, with Premier Li Keqiang acting as group leader and several functional departments being added. China has established a basic management system and working mechanism for addressing climate change, in which the National Leading Group for Addressing Climate Change takes a leadership role; the National Development and Reform Commission is responsible for centralized administration, and tasks are assigned between relevant departments and local governments with a wide public participation as well. All the provinces (including the autonomous regions and municipalities directly under the central government) have established their respective leading groups for addressing climate change with the province governor serving as group leader, have set up a mechanism for inter-departmental coordination and have designated the functional bodies for addressing climate change. A number of cities have established offices for addressing climate change or low-carbon offices.

Building a target responsibility system for carbon intensity reduction. China has carried out a decomposition of CO_2 emissions per capita GDP reduction target during the 12th Five-Year Plan Period (2011—2015), assigned the decomposed targets to all provinces (including the autonomous regions and municipalities directly under the central government) and set up a target responsibility assessment system. In 2013, the National Development and Reform Commission, together with the relevant departments, formulated the assessment measures and made a tentative assessment of the completion of the greenhouse gas emission control target, the implementation of tasks and measures and the basic work and capacity building undertaken at the provincial level in 2012.

(II) Strengthening Strategic Studies and Plan Formulation

Carrying out major strategic studies for addressing climate change. The National Development and Reform Commission together with the Ministry of Finance has carried out a macro strategic study of low-carbon development in China, which systematically analyzed and studied the overall target, phased tasks, implementation methods and safeguarding measures of low-carbon development by 2020, 2030 and 2050. The study has laid the foundation for China's low-carbon development road map and has already obtained initial achievements. Meanwhile, the National Development and Reform Commission has developed a national strategy for climate change adaptation. The strategy, based on the assessment of the impact of climate change on China's economic and social development, has laid out clear guidelines and principles for climate change adaptation, as well as proposed adaptive goals, major tasks, regional patterns and safeguarding measures. Provinces, including Zhejiang, Henan and Liaoning, have carried out their own regional strategic studies for addressing climate change.

Strengthening plan formulation for addressing climate change. The National Development and Reform Commission has organized the compilation of the National Plan for Addressing Climate Change (2013—2020). After an overall analysis of the trends and impacts of climate change in China, as well as the current situations and challenges in addressing climate change, the National Development and Reform Commission proposed the main target, major tasks and safeguarding measures for addressing climate change by 2020. Additionally, it has outlined the general framework for addressing climate change in China. All provinces (including the autonomous regions and municipalities directly under the central government) have taken active steps in carrying out the formulation of mid- and long-term plans for addressing climate change at the provincial level. So far, provinces, such as Jiangxi and Tianjin Municipality, have issued regional plans for addressing climate change. Sichuan, Yunnan, Guangxi Autonomous Region, Anhui, Chongqing Municipality, Gansu, Ningxia Autonomous Region, Xinjiang Autonomous Region, Qinghai and Liaoning have already completed the formulation of their plans, which are expected to be officially issued this year.

(III) Promoting Legislation on Climate Change

The National Development and Reform Commission, the Environment Protection and Resources Conservation Committee of the National People's Congress (NPC), the Law Committee of the NPC, the Legislative Affairs Office of the State Council, together with relevant departments , have set up a leading group for drafting laws on addressing climate change in a bid to quicken the law drafting process and have established a basic legislative framework. Shanxi and Qinghai provinces have issued their respective laws, namely the Measures on Addressing Climate Change in Shanxi Province and the Measures on Addressing Climate Change in Qinghai Province. Legislation in Sichuan and Jiangsu provinces are currently on a steady track. In October 2012, the Shenzhen Municipal People's Congress passed the Provisions of Carbon Emissions Management of the Shenzhen Special Economic Zone to strengthen the management of carbon emissions trading in Shenzhen.

(IV) Improving Relevant Policy Systems

In 2012, the General Office of the State Council published the Work Division Scheme for the Work Plan for Controlling Greenhouse Gas Emissions during the 12th Five-Year Plan Period, defining an overall outline for the plan's implementation. The central government has issued a series of policy papers on addressing climate change, as part of efforts to improve China's policy system in this regard, including the Action Plan for Addressing Climate Change in Industry (2012—2020), the National Plan for the Development of Science and Technology on Climate Change during the 12th Five-Year Plan Period, the Interim Measures on Low-carbon Products Certification Management, the Plans for Energy Development during the 12th Five-Year Plan Period, the Plans for the Development of Energy-Efficient and Environmental-Protection Industries during the 12th Five-Year Plan Period, the Suggestions on Speeding up the Development of Energy-Efficient and Environmental-Protection Industries, the Industrial Energy Efficiency during the 12th Five-Year Plan Period, the 2013 Implementation Plans for Industrial Energy Efficiency and Green Development, the Action Plan for Green Architecture, as well as the National Eco-system Protection during the 12th Five-Year Plan Period.

III. Mitigating Climate Change

The Chinese government has reached its goal of reducing the energy consumption and CO_2 emissions per unit of GDP and has achieved positive results since 2012 by controlling greenhouse gas emissions by adjusting the industrial structure, improving the energy structure, making energy use more efficient and increasing carbon sinks.

(I) Adjusting the Industrial Structure

Transforming and upgrading traditional industries. The National Development and Reform Commission (NDRC), the Ministry of Environment Protection and the Ministry of Land and Resources have raised the entry threshold for industries by enhancing the evaluation and examination for energy saving, and improving the assessment of environmental impact and the pre-examination of land resources for construction, to strictly control the launch of the industries with high energy consumption, high emissions or excess capacity and exports of the products from high energy consumption or high emission industries. In February 2013, NDRC cooperated with relevant administrations to amend the 2011 edition of the Guideline Catalogue for Industrial Restructuring, highlighting the strategic principle of energy saving and emission reduction by improving and upgrading the industrial structure. In March, 2013, the National Development and Reform Commission issued the Restructuring Plan on the Old National Industrial Bases (2013—2022), in which it pointed out that China needs to restructure and upgrade its traditionally-advantageous industries, enhance its competitiveness and improve its industrial structures by adopting new technologies. In the

12th Five-Year Plan Period, NDRC initiated the National Low-carbon Tech Innovation and Model Industries Projects, among which 34 model projects have been launched in the coal, electric power, construction and building materials industries in 2012.

Supporting the development of strategic and newly emerging industries. In July, 2012, the State Council issued the Development Plan for National Strategic Emerging Industries during the 12th-Five-Year Plan. It charts the road map for seven strategic emerging industries—energy conservation and environmental protection, new-generation information technology, biology, high-end equipment manufacturing, new energy, new materials and new-energy vehicles. It has mapped out a sequence of specific plans for the seven strategic and newly emerging industries and over 20 areas of science and technology, such as modern biological manufacturing. It has also issued several policies and measures, such as the Catalogue of Key Products and Services in Strategic Emerging Industries, the 2012 Strategic Emerging Industries Categories, Several Opinions on the Work of Enhancing the Intellectual Property Rights of the Strategic Emerging Industries. 26 provinces and cities, such as Beijing and Shanghai, have issued plans or guidelines on the development of the strategic emerging industries. So far, 138 venture capital funds have been set up, managing 38 billion yuan. Among these funds, 38, with a total of 11 billion yuan, are designed to stimulate the development of the energy-saving, environmental protection and new energy sectors.

Vigorously developing the service industry. China has continuously implemented the State Council Opinions on Accelerating the Development of the Service Industry, the Opinions of the State Council General Office on Implementing the Policy Measures for Accelerating the Development of the Service Industry and other relevant documents. In December 2012, the State Council issued the 12th Five-Year Plan on the Development of the Service Industry, stipulating that the 12th Five-Year Plan marks an important period in stimulating the development of the service industry. China needs to strive to achieve the goals, which include increasing the ratio of the tertiary industry, raising the quality of the industry, pushing forward the reform and opening up of the industry and increasing the industry's capability to create jobs. The pattern of the development of the tertiary sector will eventually take shape as the industry has improved structure, heightened standards, adopted open and win-win cooperation and complementary models.

In May, 2012, NDRC drew up the Guidelines for Speeding up and Cultivating International Cooperation and Improved Competitiveness in cooperation with relevant administrations, putting forward the mission of developing service industry trade, establishing a service trade system and raising the quality of international services trade. The ratio of the tertiary industry in 2012 increased by 1.5 percentage points compared with 2010.

Speeding up the elimination of backward production capacity. The State Council issued the Instructive Opinions on Solving the Problem of Overcapacity in October 2013, which proposed the general principle of respecting the law, tailoring policies to industries, multiple—measure approach and addressing both symptom and root cause, and also put forward the opinions on how to implement policies according to the characteristics of industries of steel, cement, electorlytic aluminum, glass and shipbuilding and set eight main tasks to slove the current overcapacity issue. The State Council further implemented the Notice on Issuing the Evaluation Measures on the Work of Eliminating Backward Production Capacity, improved the phasing-out system of the backward production capacity, encouraged local governments to set strict standards on energy consumption and emission standards, and sped up the process of eliminating the backward production capacity. In June, 2012, the Ministry of Industry and Information Technology set a goal of eliminating 19 industries with backward production capacity and subsequently announced a name list of the enterprises concerned. It required local governments to break down the tasks and assign them to cities, towns and enterprises. After the evaluation in 2012, China eliminated obsolete production capacity in the following industries: iron smelting, 10.78 million tons; steel production, 9.37 million tons; coke, 24.93 million tons; cement (clinker and mill), 258.29 million tons; plate glass, 59.56 million cases; paper, 10.57 million tons; printing and dyeing, 3.26 billion meters; lead battery, 29.71 million kvah.

(II) Optimizing Energy Structure

Promoting the clean utilization of fossil fuel. In October 2012, NDRC issued the Natural Gas Development Plan During the 12th Five-Year Plan Period, setting out the supply capacity of natural gas will reach 176 billion cubic meters in 2015, among which conventional natural gas will reach 138.5 billion cubic meters, synthetic natural gas 15-18 billion cubic meters, and mining and production of coal bed gas about 16 billion cubic meters. About 18 percent of residents from cities and towns will use natural gas. In 2012, NDRC and the National Energy Administration announced the Development Plan for Shale Gas (2011—2015); The Ministry of Finance and the National Energy Administration issued the Notice on Issuing the Subsidy Policies of Exploring and Utilizing Shale Gas, and arranged special funds to support shale gas projects. In September, 2013, the State Council issued the Airborne Pollution Prevention and Control Action Plan, which stipulates the goals and requirements for controlling the consumption cap of coke and increasing the utilization of clean energy. The plan also requires increasing control over fossil fuel consumption and advancing the development of clean energy. By the end of 2012, the rate of thermal power units above 300,000 kW · h was 75.6 percent, a year-on-year growth of 1.2 percent; a total of 54 supercritical coal-fired units were in operation, the highest figure in the world; the demonstration power station Tianjin Huaneng IGCC, designed, constructed and operated by China, was put into operation in December 2012. The power station marked a major breakthrough in China's clean coal generator technology.

Developing non-fossil fuel. In July, 2012, the State Council issued Several Opinions on the Sound Development of the Photovoltaic Industry, articulating the policies and measures on developing the market for the adoption of photovoltaics, speeding up the adjustment of the industrial structure, regulating industrial development and improving the management and service of grid connections. The National Energy Administration issued the Development

Plan for Solar Energy Generation during the 12th Five-Year Plan Period, the Development Plan for Biomass Energy during the 12th Five-Year Period, the Guidelines on Promoting the Exploration and Use of Geothermal Energy, stipulating the guidelines, principles, goals, planning and key parts of the development of solar, biomass and geothermal energies and mapping out measures and institutions to guarantee and implement the development. China will continue to increase investments on renewable energy. It invested 127.7 billion yuan in hydropower stations, 77.8 billion yuan in nuclear power plants and 61.5 billion yuan in wind power in 2012. To encourage the purchase and grid integration of renewable energy power, the Ministry of Finance, NDRC and the National Energy Administration issued the Interim Measures on the Management of the Additional Subsidy Funds for Prices of Electricity from Renewable Energies, in order to subsidize renewable energies. In August, 2013, NDRC issued the Interim Measures on the Management for Distributed Electricity Generation, setting out different supporting policies for distributed generation of wind, solar, biomass, ocean and geothermal energies. By the end of 2012, power generation capacity had reached 1.147 billion kW, up by 7.9 percent. Within this, the capacity of hydropower, which ranked first globally, reached 249 million kW, registering a year-on-year growth of 7.1 percent; nuclear power plants, 12.57 million kW, were equal to last year and the largest in the world; on-grid wind power capacity, which was the largest in the world, amounted to 61.42 million kW, increasing 32.9 percent year on year; on-grid solar power reached 3.41 million kW, growing 60.6 percent from a year earlier. The generation sets of non-fossil fuel, including, hydro, nuclear, wind and solar energies, took up 28.5 percent of the whole, 4.2 percentage points higher than the 2005 figure. The electricity generated from non-fossil fuel accounted for 21.4 percent of the total of on-grid electricity.

After efforts from all over the country, by the end of 2012, the one-time energy consumption of standard coal equivalent was 3.62 billion tons, among which, the coal accounted for 67.1 percent, dropping 1.3 percentage points compared with 2011; oil and natural gas was 18.9 percent and 5.5 percent, up 0.3 percentage points and 0.5 percentage points from the previous year; and non-fossil fuel made 9.1 percent, up 1.1 percentage points compared with 2011.

(III) Conserving Energy and Improving Energy Efficiency

Enhancing the evaluation of energy saving accountabilities. The State Council has issued the plans on energy saving, emissions reduction, and the development of energy-saving and environmental-protection industries, further stipulating the missions and goals for local governments, and specifying the policies and measures. In line with the plans, China releases quarterly reports on the completion of energy conservation targets in each region. China has improved evaluation system, adjust evaluation content and created a comprehensive process for evaluation. In 2013, NDRC cooperated with relevant ministries and administrations to evaluate the energy saving accountabilities of the provincial-level governments, and the results will be an important reference to the evaluation system of local governments and officials. China also awarded 530 model units and 467 people in energy saving during the 11th Five-Year Plan Period.

Implementing key energy conservative projects. Since 2012, China has invested 4.896 billion yuan within the central government's budget and 2.61 billion yuan worth of the central fiscal bonus in supporting 2,411 projects regarding high-efficiency, energy-saving technologies, model products and industries, contracted energy management, developing energy-saving monitoring institutions, energy-saving buildings and green lighting. Among the projects, around 1,215 monitoring institutions received 1.066 billion yuan from the budget of the central government, and 17 restructuring projects were financed with 130 million yuan from the central government's fiscal funds. Support for the 495 contracted energy management projects was enhanced with 302 million yuan coming from the central fiscal bonus. Energy saving projects have saved energy equivalent to more than 19.79 million tons of standard coal.

Improving energy efficiency standard and labeling scheme. NDRC and the Standardization Administration collaborated to implement the One Hundred Energy Efficiency Standard Promotion Projects, issuing over 60 energy saving standards since 2012, including limiting unit product energy consumption for high consumption industries, and energy capacity and efficiency of terminal use products, and fundamental standards for energy saving. The Ministry of Housing and Urban Rural Development approved and issued 10 industrial standards, including the Standards of the labels on the Energy Capacity and Efficiency of Buildings and Regulation on Energy Saving Technology in Heating Systems in Towns. The Ministry of Industry and Information Technology and other ministries issued over 60 standards concerning new energy vehicles and the Ministry of Transport announced 21 batches of qualifying vehicles in line with limits set on fuel consumption in operational vehicles by the end of 2012, in a bid to improve energy saving projects and the standardized systems of new energy vehicles. By the end of May 2013, the energy efficiency labeling scheme has covered 28 kinds of terminal use products, after the implementation of the project.

Expanding energy conservative technologies and products. NDRC issued the 5th batch of the Catalogue on the Promotion of National Key Energy Saving Technologies, listing 49 technologies from 12 industries. The five batches of the catalogue have recommended 186 key energy saving low carbon technologies to the public. The Ministry of Industry and Information Technology, the Ministry of Science and Technology and the Ministry of Finance collaborated to issue the Notice of the Selection, Evaluation and Promotion on Advanced and Appropriate Technologies to Enhance Industrial Energy Saving and Emission Reduction and selected the first batch of 600 technologies from 11 key industries, including steel, chemicals and building materials. They jointly issued the Recommended Catalogue (3rd Batch) of Energy-Saving Mechanical and Electrical Equipment (Products), and the Catalogue (2nd Batch) of Obsolete Mechanical and Electrical Equipment (Products) Eliminated due to High Energy Consumption, and completed the construction of the platform of the industrial information concerning energy conservation and emission reduction. The ministries jointly issued the Implementation Plan on the Special Action of Industrial Energy Conservation and Green Development, the Notice on the Plan to Raise the Energy Efficiency of Electrical Machines (2013—2015), the Opinions on the Energy Conservation and Emission Reduction of Internal Combustion Engines, which pushed for restructuring and energy conservation of electrical machines in key industries, improved the emission-reducing technologies of internal combustion engines and the promotion of new products. The Ministry of Finance and NDRC have promoted the government procurement of the energy-saving products by issuing two batches of procurement lists. China will continue to expand the benefits of energy saving projects to its citizens. The government has set aside more than 30 billion yuan of fiscal grant for the projects, saving energy equal to 12 million tons of standard coal. The projects distributed over 90 million energy-saving electric home appliances, over 3.5 million energy-saving vehicles, over 14 million kW of energy-efficient electrical machines and 160 million energy-saving green lighting products.

Promoting energy conservation in construction industry. The General Office of the State Council circulated the Action Plan for Green Buildings, which was jointly drafted by NDRC and the Ministry of Housing and Urban-Rural Development. The Ministry also issued the Special Blueprint of Conserving Energy in the Construction Sector during the 12th Five-Year Plan Period. By the end of 2012, the country had completed heat metering and energy efficiency renovations on 590 million square meters of existing residential buildings in northern China, saving energy equivalent to 4 million tons of standard coal and reducing about 10 million tons of CO_2 emissions. All new buildings in cities and towns, or a total of 6.9 billion square meters of floor space, have reached the new energy saving standard, saving energy equivalent to 65 million tons of standard coal, or 150 million tons of CO_2 emissions.

Driving energy conservation in transportation industry. The Ministry of Transport has continued to improve energy saving, emission reduction as well as climate change in key areas of the transportation industry. It gave a boost to supporting policies, and continued to undertake the special action on low-carbon transport for 1,000 companies dedicated to vehicles, ships, roads and ports. The ministry issued the Guidelines for Pedestrian and Bicycle Transport, in order to encourage local governments to promote the construction of city pedestrian and bicycle transport system by showcasing model pedestrian and bicycle transport systems. The Ministry of Science and Technology has rolled out a pilot green car project, billed as "10 cities, 1000 green cars," in 25 cities across the nation. It is estimated that the energy saving capacity in transport industry is equivalent to 4.2 million tons of standard coal or 9.17 million tons of CO_2 emissions.

(IV) Increasing Forest Carbon Sinks

The State Council approved the second stage of the plan to curb the source of sandstorms in Beijing and Tianjin. The plan has been expanded to six provinces (autonomous regions, municipalities) and 138 towns. The State Forestry Administration issued the Plan on the Division of Work on Enhancing the Forest's Role in Tackling Climate Change to Implement the Durban Climate Change Conference Agreement, began to draft the fifth stage of the plan on the shelterbelt construction in northeast, northwest and northern China, announced the third stage plan on the shelterbelt construction along the Yangtze River, the Pearl River, as well as the greenery work on plains and Taihang Mountain. China will continue to improve forest management. Forestry subsidies from central fiscal revenue have been expanded from pilot regions to the whole country.

China initiated a mid-and long-term plan to manage national forests, decided to build 15 model forests management bases, and issued measures on how to examine and evaluate the cultivation of forests as well as the regulations for their management. It launched a pilot program for sustainable management in 200 towns (forestry farms), taking lumbering as the center of the management. It also issued the Notice on Further Protection and Management of Forest Resources to proactively protect forest resources. The construction of the national monitoring system on forest sinks has made steady progress, as the program expanded from 17 pilot provinces (autonomous regions and municipalities) to the whole country from 2012 to 2013, and a national data base and parameter model base for forestry sink calculation has been built at the initial stage. From 2012 to the first half of 2013, a total area of 10.25 million hectares was greened in afforestation drive, and 4.96 billion trees were planted in volunteer tree-planting drive and 10.68 million hectares of forests were cultivated, further strengthening forest sink capabilities.

(V) Controlling Emissions in Other Areas

Controlling greenhouse emission from agriculture. In 2012, the central government allocated 700 million yuan in special fund to support 2,463 fertilizer projects. The Ministry of Agriculture initiated and carried out a project categorizing formulas for fertilizers for different types of soil in thousands of villages. The central government earmarked 30 million yuan for special agrarian project funds and 300 million yuan for protective agrarian projects, promoting protective agrarian technologies in 204 towns (cities). The area of protective agrarian land increased to 1.64 million hectares. The central government invested 3 billion yuan to continue standardizing farming areas for pigs and cows. It also put emphasis on the renovation of livestock and poultry farms. The projects will set up several waste treatment facilities, including manure pits and sewage treatment sites. Biological resources and new energies, such as manure, solar and wind will be used for biomass generation, biomass energy projects, methane projects and the replacement of fossil fuels with solid bio-fuels and biomass in heating.

Tightening control over CO_2 greenhouse gas. The State Council issued the 12th Five-Year Construction Plan on the Facilities for the Treatment and Reuse of Sewage and the 12th Five-Year Construction Plan on the Treatment of Domestic Garbage in Cities and Towns, actively controlling the methane emissions during garbage treatment. By the end of 2012, the garbage treatment rate had reached 76 percent, signaling that the majority of dumping grounds had collected, tunneled and treated emissions when burying garbage underground. China planned under the guideline of the Montreal Protocol to speed up the elimination of HCFCs. By June 2012, it had approved six plans for consumer industries and one plan for contracted capacity amid the first phase of the elimination of HCFCs. Emissions of HCFCs are expected to reach zero in 2013, saving energy equivalent to 200 million tons of CO_2. China has launched research projects on current controlling technologies over non-CO_2 greenhouse gas emissions from coal and charcoal manufacturing, garbage treatment, chemical manufacturing, refrigeration, electric power, electronics, metallurgy and foundries, both across the country and abroad, and has proposed technologies and policies to control non-CO_2 greenhouse gas emissions.

IV. Adapting to Climate Change

Since 2012, the Chinese government has taken positive action in enhancing its capability across major sectors to adapt to climate change and respond to extreme weather and climate-related events. This has reduced the negative impact of climate change on both economic and social development, production and people's welfare.

(I) Disaster Prevention and Mitigation

The Ministry of Civil Affairs formulated or revised policies like the Regulations on Disaster Relief and Emergency Work of the Ministry of Civil Affairs, Guidance on Strengthening Natural Disaster Relief Assessment of the Ministry of Civil Affairs and Interim Regulations on the Management of Central Relief Supplies Storages. This has further improved the institutional mechanism of disaster relief work. The ministry also promoted the implementation of the National Disaster Prevention and Mitigation Plan (2011—2015); and started construction projects of comprehensive disaster reduction demonstration communities and shelters. Since 2012, 1,273 national comprehensive disaster reduction demonstration communities have been completed. In 2012, the Ministry of Civil Affairs, together with the Ministry of Finance, allocated 11.6 billion yuan in natural disaster relief funds, which timely and effectively helped the victims carry out their rehabilitation and reconstruction work, as well as safeguarded the security of their basic livelihood. The Ministry of Agriculture established a work system for early consultation, forecasting and prognosis. It also introduced the key technologies to prevent and mitigate agricultural disaster and achieve stable and higher yields; launched the subsidy policy for good methods in agriculture; helped local governments improve disaster relief measures; and strengthened the publicity of disaster prevention, mitigation experience and typical cases. The Ministry of Water Resources advanced the county-level non-engineering measures of torrential flood prevention and control, as well as the Phase II project construction of the state flood control and drought relief command system across 2,058 counties. It carried out a flood impact assessment and worked out flood risk maps. It revised and improved the scheduling plans for floods and water in major river basins. The State Forestry Administration issued the National Forest Fire Emergency Plan, strengthened the inspection of forest fire prevention and developed the responsibility system of pest prevention and control in local governments. In 2012, the forestry pollution-free control rate rose to 87 percent and aerial forest fire prevention was implemented in 16 provinces (autonomous regions and municipalities), covering a total area of 2.65 million square kilometers. The State Oceanic Administration reinforced the construction of the maritime disaster relief system, as well as launched the marine disaster risk assessment of major engineering work.

(II) Monitoring and Early Warning

Member units of the Office of Flood Control and Drought Relief Headquarters and the National Disaster Reduction Committee further improved the monitoring and early warning system for various natural disasters, as well as strengthened the capacity to tackle extreme weather and climate-related disasters. The State Oceanic Administration strengthened the capacity to observe the coastal and offshore waters; improved and adjusted the dissemination channels for marine disaster warning; intensified the monitoring and evaluation of sea-level changes, seawater intrusion, soil salinization and coastal erosion in important areas; created the environmental protection services system of marine fisheries production safety; and carried out the pilot work for further refined weather forecasts of key coastal areas. The China Meteorological Administration issued China's Climate Change Monitoring Bulletin 2011. The administration also pushed for a general survey on climate disasters and risks, and assisted local governments in formulating their meteorological disaster prevention plans. It also improved the assessment of climate change in major areas and river basins and increased technical support to help characteristic industries adapt to climate change. It also launched a refined forecast service for urban rainstorm and waterlogging in major cities.

(III) Agriculture

In November, 2012, the State Council issued the Outline of National Agricultural Water Conservation (2012—2020) for the promotion of the sustainable use of water resources and the protection of national food security. The Ministry of Agriculture issued its Opinions on Promoting the Development of Water-saving Agriculture and a Notice on the Issuance of National Soil Moisture Monitoring Program. The ministry continued to improve the development of water conservation infrastructure on farmlands as well as the overall agricultural productivity. It also further improved the evaluation system of crop varieties tests. It promoted the cultivation of crops with great resistance to pests. It additionally increased subsidies to accelerate the integration process of cultivation, reproduction and dissemination of superior crop strains. In

2012, more than 96 percent of farmland planting major crops nationwide was sown with superior strains. It established the state-led conservation and utilization system of the crop resources. More than 420,000 copies of crop germplasms have been preserved on a long term basis, ranking second in the world. It promoted water-saving agriculture and set up water-saving agricultural demonstration bases and demonstration projects of water-saving technology. Over 500 water-saving agricultural demonstration bases were established; the core demonstration area covered over 10 million mu. Agricultural water-saving technologies were developed and promoted according to local conditions. Nine water-saving technologies were demonstrated and promoted, including full the plastic film mulching on double ridges and planting in catchment furrows, under-mulch drip irrigation and soil moisture-based on-demand irrigation, covering an area of over 400 million mu.

(IV) Water Resources

The comprehensive planning (revised) of the seven major river basins, including the Yangtze River and the Liao River, organized by 10 ministries and organizations—also listing the Ministry of Water Resources and the National Development and Reform Commission—was approved by the State Council, clarifying the important goals and tasks in river basin development and protection. The Ministry of Water Resources also released its Implementation Plan for the Opinions on Implementing the Strictest Water Resources Management System and the View on Implementing the Assessment Methods of the Strictest Water Resources Management System, establishing a sound system for the most stringent water management structure. By the first half of 2013, 21 provinces (autonomous regions and municipalities) had issued Opinions on Implementing the Strictest Water Resources Management System or its supporting documents. In addition, 30 provinces (autonomous regions and municipalities) had by then established the chief executives responsibility system of the Strictest Water Resources Management System. 14 provinces (autonomous regions) have now disassembled the 2015 provincial water resources management and control targets to the municipal administrative. The total water control, water use efficiency control and pollutant emission control were categorized in three Red Lines, which formed the core of the Strictest Water Resources Management System—promoting the water dispatch of important river basins, the water allocation of major river basins, as well as propelling the construction of 14 aquatic ecosystem protection and restoration pilots in an orderly fashion. It also completed the first national water census, systematically mastering the current situation of the development, management and conservation of rivers and lakes. The Department of Housing and Urban Construction issued the National Urban Renovation and Construction of Water Supply Facilities for the 12th Five-Year Plan Period (2011—2015), the Future Targets of 2020 and the Assessment Criteria and Assessment Methods for the National Water-saving Cities, aiming to promote urban water conservation and source emission reduction.

(V) Coastal Areas and Ecosystem

The State Oceanic Administration organized the formation of the National Marine Career Development Plan for the 12th Five-Year Plan Period (2011—2015), the National Marine Economic Development Plan for the 12th Five-Year Plan Period and the Plan for the National Island Protection, all approved by the State Council. It drew up the guidance and management methods for the management and protection of the oceanic islands and actively built the monitoring and evaluation system of how a typical marine ecosystem responds to climate change. The central government allocated nearly 850 million yuan to support undertakings such as the restoration and remediation of local coastal waters and the coastal zones, the ecological restoration of oceanic islands and the protection of freshwater resources. The Ministry of Environmental Protection organized and implemented the Biodiversity Conservation Strategy and Action Plan of China (2011—2030), carried out basic investigation of biological resources, and actively promoted the construction of nature reserves. The State Forestry Administration implemented its Circular of the General Office of the State Council on Strengthening Management of Nature Reserves to further strengthen the conservation of the country's major ecological zones and key areas of biodiversity. The administration also finished the second national wetland resources investigation and introduced the Administrative Regulations on Wetland Protection, proposing the index for evaluating the biological health of China's wetlands. The Ministry of Water Resources compiled or implemented the relevant plans, programs and rules according to a number of ordinances, guidelines, guidance and management practices against soil erosion. It approved a total of 374 plans for water conservation, running from 2012 to the first half of 2013, with an investment of some 35.21 billion yuan in soil and water conservation. 38 national nature reserves under the management of forestry authorities were added and the total number of nature reserves rose to 2,149. In 2012, 300,000 mu of existing wetland was restored. It put 1.35 million mu of new wetland under protection, developed 85 pilot national wetland parks and identified 11 important national wetlands.

(VI) Public Health

To promote the supervision and monitoring of drinking water quality and ensure the supply of safe drinking water to urban and rural areas, the National Health and Family Planning Commission and its related departments facilitated the implementation of the National Environment and Health Action Plan (2007—2015) and the National Rural Drinking Water Safety Project for the 12th Five-Year Plan Period (2011—2015). The commission issued the National Urban Drinking Water Safety Protection Plan (2011—2020), further promoting the supervision and monitoring of drinking water safety. The drinking water safety, a service project with a notable impact on public health, was included in the deepened health system reform plans for the 12th Five-Year Plan Period. It established a monitoring network for national drinking water health and implemented a supervision, co-management and service project for the national basic public health services. In 2012, the coverage of the national drinking water monitoring network across prefecture-level cities and counties respectively reached 85.3 percent and 46.8 percent, with the drinking water health supervision and co-management ratio going up to 80 percent. In Beijing, Tianjin, Hebei Province and other provinces (municipalities) which saw frequent dust and haze pollution, the commission organized the monitoring of the dust-and-haze effect on public health and the monitoring pilot work of indoor $PM_{2.5}$ in public places. The system for surveillance, reporting, prevention and control of communicable diseases has been improved and 3,486 national monitoring points have been set up. The emphasis was on the prevention and control of cholera, influenza, foot and mouth disease, as well as other diseases closely related to climate change. Regular supervision and monitoring activities were conducted in key provinces. The Ministry of Health also strengthened the overall emergency security work of health issues related to climate change.

V. Developing Low-carbon Pilot Projects

Since 2012, the government has continued to promote low-carbon pilot projects in selected provinces and cities, pushed forward pilot carbon emissions trading programs, researched and developed pilot and demonstration projects such as low-carbon products and communities. It has accumulated experience and laid a firm foundation for dealing with climate change and low-carbon development.

(I) Promoting Low-carbon Pilot Projects in Provinces and Cities

There has been positive development in the first five provinces and eight cities which have test-run low-carbon pilot projects. The designated pilot implemented policies to promote low-carbon development. They innovated systems and mechanisms, launched a series of significant actions and implemented a batch of key projects to optimize the resource structure, promote low-carbon development in industries, and in transportation and construction, lead a low-carbon lifestyle, and increase forest carbon sinks. The results are evident. In 2012, the Chinese government nominated 29 provinces and cities such as Beijing, Shanghai, Hainan Province and Shijiazhuang as the second batch of locations for low-carbon pilot projects. These pilot areas set positive goals and principles, worked out plans for low-carbon development, and explored low-carbon green development models to fit local circumstances. They established green, environmentally friendly and circular low-carbon industry systems. They established statistics and management systems for greenhouse gas emissions while establishing a system with goals and obligations to curb greenhouse gas emissions. The areas have positively advocated a low-carbon green lifestyle and consumption model. Some of them even proposed curbing the total amount of greenhouse gas emissions and yearly goals for emissions peak.

(II) Pushing Forward Carbon Emissions Trading Pilot Programs

Since 2012, pilot programs for carbon emissions trading in Beijing, Tianjin, Shanghai, Chongqing, Hubei Province, Guangdong Province and Shenzhen have witnessed positive progress. In October, 2012, Shenzhen implemented management rules. From July to August, 2013, Shanghai, Guangdong Province and Hubei Province sought opinions on carbon emissions trading management. Based on their local situations, the designated areas considered goals for energy saving and emissions reductions, economic development trends and the emission levels of enterprises and industries, then worked out a range to cover how many enterprises which fit carbon emissions trading, and eventually researched and determined the trading range and quota allocation. Based on the industries that the trading covered, each pilot area has researched and set up calculation approaches and standards for carbon emissions, and carried out the calculation and checks on the past data of enterprises' carbon emissions. Shanghai issued carbon emission calculation guidelines for industries like steel and electric power in October 2012, while Shenzhen published quantity reports on greenhouse gas emissions according to local standards, and guidelines to check for emissions and detailed rules for the construction industry in November 2012 and April 2013. Shenzhen launched a carbon emissions trading platform in June 2013. Thus far the total trading volume is over 110,000 tons and the turnover is more than 7 million yuan.

(III) Carrying out Low-carbon Pilot Programs in Relevant Areas

Trials of low-carbon product certification. In February, 2013, the National Development and Reform Commission and Certification and Accreditation Administration jointly issued the Interim Procedures for the Low-carbon Product Certification Management. Within the first batch of certified products, there are four products including Portland cement, plate glass, aluminum profiles and small and medium three-phase asynchronous motors. The government also began certification trials in Guangdong Province and Chongqing, exploring a good system and environment for enterprises to produce the low carbon products which society is willing to consume.

Trials of low-carbon industrial parks and communities. The National Development and Reform Commission and several other relevant government departments organized studies to establish trials on low-carbon communities and explored the new model to run community low-carbonization management, reducing energy consumption and carbon emissions in residential areas and other aspects of life. The Ministry of Industry and Information Technology and the National Development and Reform Commission started the trial work in low-carbon industrial experimental zones, and established an evaluation index and support policies for it.

Low-carbon transport pilots. The Chinese government has selected 26 cities such as Tianjin, Chongqing, Beijing and Kunming to establish pilot low-carbon transport systems, with 26 trial projects and 40 transport harbors of drop and pull transport, pushing forward the pilot projects of inland water transportation using boats which consume natural gas, and establishing gas and petroleum pilot recycle stations at crude oil terminals. The government also organized studies to establish an evaluation index system for low-carbon transport cities, ports, and the construction of low-carbon ports and sailing routes and low-carbon highways.

Pilot carbon capture, use and storage (CCUS) projects. The National Development and Reform Commission has published the Circular on Promoting the Trials of Carbon Capture, Use and Storage, indicating the recent trial works for promoting the CCUS. It set up the China Technology Innovation Union of Carbon Capture, Use and Storage which was joined by 40 enterprises, colleges and institutions. China has started to use CCUS on projects. Sinopec Group has established the first full-phase demonstration project in China using CCUS for coal-fired power plants. By 2012, Shenhua Group's CCUS demonstration project has stored 57,000 tons of CO_2 in total. By June 2013, China's first CO_2 geological storage demonstration project in Ordos, Inner Mongolia has sequestrated 120,000 tons of CO_2.

Low-carbon pilots in local areas. All provinces, autonomous regions and municipalities have practiced low-carbon development according to their local characteristics, and have developed many great experiences and approaches.

Sichuan Province designated Chengdu, Guangyuan, Yibin, Suining, Ya'an as the provincial-level pilot low-carbon cities, which should actively explore the low-carbon development models with local features. Anhui Province has explored demonstration and trial low-carbon communities and industrial parks, arranging for special funds to support the construction of complex low-carbon demonstration bases in nine industrial parks and communities in the province. Shandong Province set up a series of special funds for low-carbon development, such as development funds for construction energy conservation and green building development, as well as funds for new energy industries and subsidies for new energy vehicles. The provincial government has strongly supported low-carbon pilot and demonstration projects in key industries and areas such as construction energy saving, reducing the consumption of industry and new energy development.

VI. Strengthening Foundational Capacity Building

Since 2012, China has continued to develop statistics and accounting systems for greenhouse gas emissions, promoted basic study and educational training, strengthened scientific research and decision-making support, and provided financial security, which has significantly enhanced its foundational capability to deal with climate change.

(I) Strengthening Statistics and Accounting Systems for Greenhouse Gas Emissions

Developing basic statistics systems. In 2013, the National Development and Reform Commission and the National Bureau of Statistics released Opinions on Improving Response to Climate Change and Statistical Work for Greenhouse Gas Emissions, which stresses establishing a statistical indicator system in order to improve greenhouse gas emissions statistics. The Government Offices Administration of the State Council has published the Statistics System of Energy and Resources Consumption in Public Institutions which establishes a standard for energy and resources consumption statistics in public institutions, and gathered and analyzed statistics on energy and resources consumption by public institutions in 2011 and 2012. The number of public institutions directly included in the statistics has been extended to 690,000. Based on provincial forest resources and other forestry statistics, the State Forestry Administration measured the forested area and the changes in different provinces across the country.

Improving greenhouse gas emissions accounting capabilities. In 2012, the National Development and Reform Commission organized the compilation of the Second National Report (the greenhouse gas emissions inventory for 2005) and submitted it to the secretariat for the UN Framework Convention on Climate Change. The Third National Report is currently at the project application stage and is expected to include the 2010 and 2012 greenhouse gas emission inventories. A total of 31 provinces (including autonomous regions and municipalities) have compiled greenhouse gas emission inventories, cleaned up their greenhouse gas emissions, and carried out annual accounting work for carbon intensity reduction. The assessment for the 2005 and 2010 provincial greenhouse gas emission inventories is currently being implemented. In addition, carbon emissions calculation methods and reporting guidelines have been compiled for enterprises in the chemicals, cement, steel, non-ferrous metals, electricity, aviation and ceramics industries. Provinces and cities with carbon emissions trading right have carried out or are carrying out enterprise carbon emissions projects, and are trying to establish a third-party accounting system for carbon emission.

(II) Strengthening Policy Research and Educational Training

Strengthening policy research. Since 2012, thanks to financial support provided by the China Clean Development Mechanism Fund and other financing channels, a range of policy research projects on climate change have been carried out. By the end of 2012, a total of 495 million yuan in funds and donations had been arranged, more than 100 donation projects had been supported, and numerous research programs on domestic and international problems on climate change had been carried out.

Strengthening educational training. The National Development and Reform Commission has organized five joint training projects between China and German on climate change capability building, and five seminars on compiling provincial greenhouse gas emission lists and low-carbon development, attracting leaders from relevant organizations and professional staff from technology supporting institutions from 24 provinces and cities. The Government Offices Administration of the State Council has organized a range of energy-saving training sessions in public institutions for government leaders and university directors. The State Forestry Administration published the high school students' textbook Forest Carbon Sink Metering and Climate Change, produced three TV series, Song of the Forest, Dream of the Earth and Forest China, and promoted training on forest carbon sink metering and monitoring.

(III) Strengthening Scientific Research and Decision Making Support

Strengthening scientific research. The Ministry of Science and Technology has organized the compilation of the Third National Assessment Report on Climate Change which systematically summarizes China's scientific achievements on climate change, and formulates the National Achievement Transformation, Promotion and Application Lists on Energy Conservation, Emissions Reduction and Low-Carbon Technology. In April, 2012, the Ministry of Science and Technology released Specific Plans for Clean Coal Technology During the 12th Five-Year Plan Period which determined clean coal technology as an important direction in advanced energy, focusing on efficient clean coal-fired power generation, advanced coal conversion, advanced energy-efficient technology, regulation of pollutants and resource utilization technology. The Government Offices Administration of the State Council has carried out research projects on new energy and renewable energy applications for public institutions, building the energy efficiency of central state organs, and the energy efficiency management information system for public institutions. The Ministry of Land

and Resources has carried out a series of research programs on geothermal investigation and exploration, geologic traces of climate changes and geologic carbon sink, as well as initiatives to make technological breakthrough on CO_2 geological storage. The General Administration of Quality Supervision, Inspection and Quarantine has carried out preliminary studies on relevant climate change standards. The State Forestry Administration has carried out empirical research on how forests can mitigate the impacts of climate change, and organized potential and process studies of carbon sequestration in a typical ecosystem. The Meteorological Administration has assessed climate change for the first time in the east, south, north, northeast, middle, southwest and northwest of China as well as the Xinjiang region. The Ministry of Water Resources has undertaken more than 10 significant research programs such as the impact of climate change on water resources security and how to response to it. The Ministry of Health and the State Family Planning Commission has initiated research on adaptation mechanisms, assessment and prediction to address the impact of climate change on human health. The State Oceanic Administration has launched remote sensing monitoring and evaluating systems for air-sea CO_2 in China's coastal waters.

Strengthening support for decision making. In 2012, the National Development and Reform Commission established the National Strategic Research and International Cooperation Center for Climate Change, which aims to provide decision consulting and a supporting service for climate change. The National Climate Change Expert Committee has actively organized consulting and communication activities on climate change. The General Administration of

Quality Supervision, Inspection and Quarantine has permitted 23 national urban energy measurement centers to provide all-round technical support for low-carbon economic development through several platforms, such as the energy measurement public data platform, the energy measurement detection technique service platform, energy measurement technical research platform and energy measurement talent training platform. Provincial research institutions have been established to combat climate change and promote low-carbon development. Tianjin founded the Low-Carbon Development Research Center (TLCC); Zhejiang Province set up the Center for Climate Change and Low-carbon Development Cooperation; and Beijing established the Climate Change Response Research and Education Center (BCCRC) among municipal universities to reinforce scientific and decision supporting capabilities for climate change.

VII. Participation of the Whole Society

Since 2012, public education campaigns have been carried out all over China. The function of the media has been given full play which has increased public awareness of climate change and low-carbon development.

(I) Enhancing Government Guidance

The Chinese government is taking the lead in practicing a "low-carbon life." In December, 2012, a meeting of the Political Bureau of the CPC Central Committee presided over by Xi Jinping, General Secretary of the Committee, adopted an eight-point regulation calling for improving the work style within the party in order to connect better with the public and reject extravagance, which has had a widespread impact throughout society. In September, 2012, the State Council decided to introduce a National Low-carbon Day, starting in 2013. On June 17, 2013, a series of National Low-carbon Day events were jointly held by the National Development and Reform Commission and the Beijing municipal government. The events included an exhibition on climate change themed "Beautiful Chinese Dream, Low-carbon China", producing and broadcasting videos on low-carbon development for the public, as well as launching a "Low-carbon China" event. General Secretary of the United Nations Ban Ki-moon visited the exhibition on climate change and spoke highly of it. By 2012, a total of 152 cities in China have pledged to hold Car-free Days, organized by the Ministry of Housing and Urban-rural Development. The China Meteorological Administration has organized and produced a multilingual public welfare advert for TV and the catalog "Combating Climate Change, China Is Taking Action 2012." On National Low-carbon Day, events were organized in cities like Beijing, Shanghai, Chongqing, Guangzhou and Hangzhou to raise public awareness of low-carbon development. In July, 2013, the 2013 Global Eco-forum "Building eco-civilization: green transformation and transition" opened in Guiyang. Extensive research was carried out on how green industry, urbanization and consumption can lead the sustainable development, and a broad consensus was formed.

(II) Extensive Media Publicity

In 2012, the Chinese media have carried varied and informative coverage of climate change, energy saving, environmental protection and low-carbon development. Xinhua News Agency, the People's Daily, China Central Television (CCTV). News media, including China Radio International, China Daily and China News Agency, sent journalists to cover the 2012 Doha Climate Change Conference. News websites, such as www.xinhuanet.com, www.china.org.cn and www.chinanews.com, gave special coverage on the conference using texts, photos, audio and video, making positive contributions to creating good atmosphere for public opinion and disseminating the knowledge of climate change. CCTV and other media organizations produced documentaries such as "Facing Climate Change," "The Warming Earth," "Climate Change: A Global Concern" and "Warm and Cold, We Share Together". They also produced a public-interest advertisement for TV for the National Low-carbon Day. Radio programs with the theme of "Advocating low-carbon life, promoting energy saving" The Chinese media took measures to promote the concept of environmental protection and low-carbon consumption. The China Economic Herald and other media organizations selected top 10 news stories on addressing climate change and promoting low-carbon development in China in 2012. Beijing Daily and other media organizations held a large-scale event promoting environmental protection with the theme of "Green Beijing · Low-carbon Commuting." China News Agency held a photography exhibition, "Low-carbon Development and Green Life."

(III) Organization Initiatives

The activity "Cool China, National Low-carbon Action" was carried out in 11 Chinese cities by the Department of Education and Communications under the Ministry of Environmental Protection, National Center for Climate Change Strategy and International Cooperation (NCSC), Green Commuting Fund under China Association for NGO Cooperation. During the National Low-carbon Day period, many enterprises and NGOs including PetroChina, Vanke and Green Commuting Fund formed the China Low Carbon Action League and issued the declaration of the league. The China Green Carbon Foundation launched an event called "buying a carbon sink online, fulfilling the obligation to plant trees" in 10 Chinese cities and national ministries. The 2013 International Expo on Low-carbon Industry was jointly held by the China Association of Low Carbon and the United Nations Industrial Development Organization (UNIDO). The China Light Industry Internet and other organizations ran the event "Low-carbon action, ride across China." The "Green Land" campaign was carried out by China Society of Territorial Economists with the support of the Chinese Association for Science and Technology. The Next Generation Working Committee and other organizations launched an event promoting low-carbon living in Chinese families in 10 cities across China including Beijing, Tianjin and Shijiazhuang. Communities, enterprises and schools in over 80 Chinese cities including Beijing, Shanghai, Dalian, Hong Kong and Macao took part in the Earth Hour event, organized by the World Wide Fund for Nature (WWF).

(IV) Proactive Participation by the Public

Through education and training on climate change addressing, energy saving, emission reduction and low-carbon living, the public have gained a deeper understanding of climate change and have participated more widely and consciously. Increasing numbers of people have chosen to make low-carbon lifestyle choices in transport, as well as their eating habits and housing. Responding to climate change is becoming the conscious behavior of the whole society. The Clean Plate Campaign, which urged people to save food by not wasting anything on the table, was launched on Weibo in January 2013, and has drawn much attention from the public. An event featuring innovation in addressing climate change by 1,000 young environmental ambassadors was carried out in 2013 which has improved the young people's environmental leadership. Energy conservation campaigns have been carried out in families, communities, enterprises, organizations and schools in cities across China. Education activities with the theme of "Low-carbon, A healthy home life" were held in 15 cities including Nanjing, Shenzhen and Jinan, and 300,000 free publicity brochures have been distributed, to advocating a scientific concept of energy conservation and promote a low-carbon lifestyle.

VIII. Playing a Constructive Role in International Negotiations

With a high sense of responsibility, China has continued to play a constructive role in international climate change negotiations since 2012, promoting mutual understanding and consensus among all parties, and making a positive contribution to building a fair and reasonable international mechanism for addressing climate change.

(I) Proactive Participation in International Negotiations within the UN Framework

China adheres to the UNFCCC and the Kyoto Protocol as the basic framework, gives active play to the main channel of international climate change negotiations within the UN framework. China upholds the principles of "common but differentiated responsibilities", and fairness and respective capabilities. It abides by the principles of openness and transparency, extensive participation, signatory leadership and consensus through consultation. China has always actively and constructively participated in negotiations, strived to make progress in negotiations based on fairness and reason, practice and efficiency, as well as cooperation and win-win policy, and reinforced the all-round, effective and sustainable implementation of the UNFCCC.

In 2012, China took an active part in international negotiations within the UN framework, and continued with dialogues with other countries to further understanding and expand common ground, and made a positive contribution to the success of the Doha Climate Change Conference. China played an active role in the negotiations and consultations at the Doha Climate Change Conference, adhered to the principles of maintaining openness and transparency, extensive participation and consensus through consultation and pushed for a consensus among all parties with a positive, reasonable and practical posture. Following the joint efforts of China and other developing countries, the Doha Climate Change Conference achieved a balanced package of results, accomplished the Bali Road Map negotiations, finalized arrangements for international action to fight climate change before 2020, worked out a plan for negotiations within the Durban Climate Change Conference framework, determined principles governing further actions after 2020, maintained the effectiveness of the United Nations multilateral negotiations progress, and boosted confidence in international cooperation to address climate change. During the Doha Conference negotiations, the Chinese delegation held an eight-day Chinese Corner series of side events with 18 themed activities, taking advantage of all channels and means to engage in candid and profound dialogues and exchanges which drew wide attention and positive feedback from all parties.

(II) Extensive Participation in Related International Dialogue

Pushing forward negotiations through high-level visits and major conferences. At the meeting of the BRICS leaders, the G20 Leaders' Summit, the APEC Leaders Summit and at other significant multilateral diplomatic events, Chinese President Xi Jinping made important speeches and worked in concert with leaders of other countries on climate change. The leaders of China and the United States attached great importance to the climate change issue as they reached a crucial consensus on strengthening dialogues and cooperation in climate change and the issue of HFCs during two meetings in 2013. At the 5th Round of the China-US Strategic and Economic Dialogue (S&ED) convened in July 2013, special representatives from the two sides co-chaired a special session on climate change, which helped to reinforce exchanges on their domestic climate change policies and bilateral practical cooperation. When former Chinese Premier Wen Jiabao attended the 2012 United Nations Climate Change Conference in June 2012, he called all parties to address climate change in accordance with the principle of "common but differentiated responsibility", develop the green economy and promote sustainable development.

Proactive participation in climate change conferences and progress outside the UNFCCC. China took part in a series of international consultations and exchanges, including the Rio+20 United Nations Conference on Sustainable Development, the Leaders' Representatives Meetings of the Major Economies Forum on Energy and Climate, the ministerial-level dialogue meeting on climate change in St. Petersburg and the Pre-COP19 Preparatory Ministerial-Level Meeting. China took an active part in negotiations under international mechanisms, such as the International Civil Aviation Organization, the International Maritime Organization, the Montreal Protocol on Substances that Deplete the Ozone Layer and the Universal Postal Union. China also actively participated in the Global Alliance for Clean Cookstoves, the Global Methane Initiative, the Global Research Alliance on Agricultural Greenhouse Gas while promoting negotiations on the UNFCCC as the main channel for progress.

Extensive engagement in bilateral and multilateral climate change dialogues and consultations. China continues to strengthen consultation mechanisms among the BASIC countries and developing countries with similar positions, and conduct joint research with other developing countries, and actively safeguard the interests of developing countries. China held bilateral ministerial-level negotiations with developed countries including the United States, EU and Australia on climate change, to engage in extensive dialogues on climate change international negotiations, domestic climate change policies and related practical cooperation. China also actively boosted communication with think tanks from other countries.

(III) China's Basic Position at the Warsaw 2013 UN Climate Change Conference

In November of this year, the 19th session of the Conference of the Parties to the UNFCCC and the 9th Session of the Conference of the Parties serving as the Meeting of the Parties to the Kyoto Protocol will be held in the Polish capital, Warsaw. At the end of last year, the Doha Climate Change Conference concluded the negotiations on the authorization of the Bali Road Map and this year's Warsaw Climate Change Conference should be an implementation and launch meeting. The priority at the Warsaw Conference is to take concrete actions to implement the results of the Bali Road Map negotiations, such as mitigation, adaptation, funding, technology, reviews and transparency, pushing all parties to swiftly ratify the Amendment to the second commitment period of the Kyoto Protocol, keep discussing relative unsolved issues under the protocol, and fulfill the agreements and promises made at previous conferences. Developed countries should fulfill their emission cuts, funding and technology transfer pledges from previous conferences and scale up efforts with action before 2020. This is the foundation for maintaining mutual trust among all parties and also the precondition and guarantee for progress made at the Durban Conference negotiations. In the meantime, all parties should closely follow the principle of the UNFCCC and the authorization of the Durban Conference to launch substantive negotiations on mitigation, adaptation, funding and technology in a formal, balanced and targeted fashion, and strengthen the all-round, effective and sustainable implementation of the UNFCCC after 2020.

The Warsaw Conference should focus on two issues. One is that all parties in the second commitment period of the protocol should ratify the Amendment to the second commitment of the protocol as soon as possible, and set a higher emission-cutting target in line with the agreement reached at the Doha Conference. According to the principle of comparability, developed countries who have not signed up to the second commitment period of the protocol, or have withdrawn from or have not ratified the protocol should also raise their levels of emission cuts before 2020 in tandem with the members of the second commitment period of the protocol. Developing countries will implement their proposed targets for emission-cutting action after they receive funding, technology and capability-building support from developed countries. The conference should also focus on the funding issue as a priority, and handle it properly. Developed countries should promise to inject funds of no less than the fast-start funding between 2013 and 2015, chart a clear course for meeting the funding pledge of US$100 billion by 2020, invest in the Green Climate Fund as soon as possible and ensure that developing countries get concrete funding support.

China will continue to play an active and constructive role at the Warsaw conference, and work with all parties to ensure a successful conference by following the principle of openness and transparency, extensive participation, signatory leadership and consensus through consultation.

IX. Enhancing International Exchanges and Cooperation

Since 2012, China has continuously and proactively participated in South-South cooperation on tackling climate change and practical cooperation with developed countries and international organizations, and actively pushed forward global cooperation on addressing climate change, based on the principle of "mutual benefit and win-win cooperation, and being practical and effective".

(I) Deepening Cooperation with Developing Countries

China's National Development and Reform Commission has promoted South-South cooperation on climate change. According to former premier Wen Jiabao's initiative announced at the Rio+20 Conference to make available 200 million yuan for a three-year South-South project on climate change, China has established cooperation with 41 developing countries and signed the Memorandum of Understanding on Providing Foreign Aid to Address Climate Change with 12 developing countries, including Grenada, Ethiopia, Madagascar, Nigeria, Benin and Dominica. A donation of 900,000 energy-efficient lights and more than 10,000 energy-efficient air conditioners was made. China has arranged seminars on South-South cooperation policies and action on climate change, as well as workshops on climate change and green low-carbon development. The Ministry of Science and Technology and the Ministry of Foreign Affairs hosted the Combating Climate Change: China-ASEAN New and Renewable Energy Utilization International Technology and Cooperation Forum in collaboration with other departments, to promote exchanges and communication between China and ASEAN countries. China's National Development and Reform Commission and the State Oceanic Administration implemented the South-South cooperation research project on maritime disaster monitoring and early warning system within the framework of climate change, drafted the English version of the Guide for Building the Capabilities of Developing Countries' Marine Disaster Monitoring and Early Warning, held seminars on developing countries' marine disaster monitoring and early warning technologies in Xiamen, providing training to 16 students from nine developing countries including Cambodia and Indonesia. China's State Forestry Administration held the Seminar on Monitoring Deforestation and Land Degradation and Evaluating South-South Cooperation within the Climate Change Framework. China's Meteorological Administration offered technology training to professionals from developing countries on the relationship between climate change and extreme weather and climate events, as well as early warning systems for various disasters and a climate service system.

(II) Strengthening Cooperation with Developed Countries

China's National Development and Reform Commission has continued to work on existing bilateral cooperation programs, including the Sino-Germany Climate Change Programme, the Sino-Italian Climate Change Cooperation Program, and the Sino-Norway Climate Change Adaptation Strategic Application Research Programme. NDRC has organized and held bilateral consultations on climate change with the EU, Germany and Denmark and pushed for the adoption of relevant framework agreements and the launch of cooperation projects. NDRC also signed memorandums of understanding on cooperation concerning climate change with relavent departments from countries and states, including Switzerland, Denmark and the California state of the United States. With the support of the Australia-China Joint Coordination Group on Clean Coal, China has organized enterprises, academies and universities to conduct training programs and preliminary research dedicated to predominant issues related to carbon capture and storage technology utilization; China has cooperated with the United States on research projects on large-scale CO_2 usage, capture and storage technology applied to new model connecting and amplifying underground heating system, reached a consensus on a broad range of key areas including electricity system, clean fuel, petroleum and natural gas, energy and environmental technology and climatology and cooperated on a series of fruitful cooperation programs with the U.S. Ministry of Energy. China's Ministry of Environmental Protection has partnered with the United States, Japan, Italy, Norway and Australia on a wide range of bilateral and multilateral cooperation projects concerning mitigation, adaptation, basic capability building and public awareness, including the Environmental Standard and Research on Implementation Details in Shale Gas Exploitation, the Sino-Norway Biodiversity and Climate Change Programme and Sino-Australia Studies on Environmental impact and Risks of CO_2 Geological Storage. China's State Forestry Administration has expanded technology exchanges on climate change issues with the United States, Britain, Finland and Switzerland. China's State Oceanic Administration has entered into a partnership with Italy in the Project of Capability Building of Coastal Ecosystem.

(III) Promoting Cooperation with International Organizations

China's National Development and Reform Commission continues to cooperate with multilateral institutions, including the United Nations Development Programme, the United Nations Environment Programme, the World Bank, the Asian Development Bank and the Global Environment Facility. NDRC has signed a momentum of understanding on cooperation for addressing climate change with the World Bank. It has also launched the Enhancing Capacity, Knowledge and Technology Support to Build Climate Resilience of Vulnerable Developing Countries and China Climate Technology Needs Assessment Project, which were funded by the Global Environment Facility, and launched the Carbon Capture and Storage Road Map, which was assisted by the Asian Development Bank. At the 4th Round of the China-US Strategic and Economic Dialogue held in May 2012, China joined the Global Alliance for Clean Cookstoves and signed a Memorandum of Understanding (MoU) with the United Nations Fund and the Alliance Secretariat of the Global Alliance for Clean Cookstoves. China hosted workshops on carbon storage, utilization and storage technology with the Global Carbon Capture and Storage Institute and other relevant organizations. China's Ministry of Environmental Protection actively engaged in international cooperation in biodiversity and climate change adaptation, and organized and attended the First Plenary Meeting of the IPBES. China's National Health and Family Planning Commission has worked closely with international organizations, such as the World Health Organization, and has been involved in research pilot programs on climate change and health impact. China's State Forestry Administration has enhanced technology exchanges with the WWF, The

Nature Conservancy, the Conservation International and the GIZ in addressing climate change in forestry. China's Ministry of Civil Affairs attended the 4th Global Platform for Disaster Risk Reduction, as it has continuously scaled up cooperation with the United Nations and relevant international organizations on disaster mitigation and rescue. China's Standardization Administration actively participated in international standardization work for greenhouse gas reductions, and hosted the 3rd Plenary Meeting of the ISO Committee for CO_2 Capture, Transport and Geological Storage Technology. China's Meteorological Administration attended around a dozen international meetings, including the 35th Plenary Meeting of the IPCC and took part in reviewing the Fifth Assessment Report of the IPCC.